DAS SOGENANNTE PERIPHERE HERZ

ZUM PROBLEM DER EXTRAKARDIALEN FÖRDERUNG DES BLUTSTROMES

KRITISCHE BETRACHTUNGEN KLINISCHER ERGEBNISSE VOM STANDPUNKTE DER MODERNEN KREISLAUFPHYSIOLOGIE UND EXPERIMENTELLEN PATHOLOGIE

VON

GEORG FRENCKELL

KLIN. ASSISTENT DER ABTEILUNG FÜR PATHOLOGISCHE PHYSIOLOGIE DES LENINGRADER MEDIZINISCHEN INSTITUTS

MIT 19 ABBILDUNGEN

„Wer für neue Anschauungen in der Wissenschaft Anerkennung sucht, der muß den Nachweis erbringen, daß die vorliegenden Erfahrungen sowie die geltenden Vorstellungen und Begriffe zur Erklärung gewisser Tatsachen unzureichend sind, oder daß sie mit diesen in Widerspruch stehen. Die „Tatsachen" aber dürfen nicht zweifelhafter Natur sein." Karl Hürthle.

„Der Forscher soll im steten Glauben an die Möglichkeit der Erreichung eines hohen Zieles Tatsachen sammeln, und die gesammelten scharf kritisieren, aber nicht schon an die Unfehlbarkeit seiner Schlüsse glauben, sobald die Tatsachen eine kurze Zeit lang in der Richtung seines Zieles zu liegen scheinen." Ottomar Rosenbach.

Springer-Verlag Berlin Heidelberg GmbH 1930

S o n d e r a u s g a b e
der gleichnamigen Abhandlung in den Ergebnissen
der inneren Medizin und Kinderheilkunde – Bd. 37

ISBN 978-3-662-38836-5 ISBN 978-3-662-39754-1 (eBook)
DOI 10.1007/978-3-662-39754-1

Aus der Abteilung für pathologische Physiologie des Leningrader medizinischen Instituts (Vorstand: Prof. S. S. Chalatow) und der inneren Station des städtischen Krankenhauses zum 5 jähr. Gedenktag der Revolution (Leiter: Dozent M. J. A r j e f f).

Dem teueren Andenken meines Vaters

Dr. L. G. Frenckell,

der als Schüler Unverrichts und treuer Nachfolger der alten deutschen Ärzteschule auf verschiedene ultra-moderne Phantasien, besonders am Krankenbette, immer wenig Gewicht zu legen pflegte.

Inhalt.

Literatur.

Afonsky: Peripheres Herz, Hypertonie und Arteriosklerose. Klin. Med. (russ.) **1927**.

Albert: zit. nach Ledderhose.

Anitschkow, S.: Über die Tätigkeit der Gefäße isolierter Finger und Zehen von dem gesunden und kranken Menschen. Z. exper. Med. **35** (1923).

v. Anrep: On the part played by the suprarenals in the normal vascular reactions of the body. J. of Physiol. **45** (1912/13).

— On local vascular reactions and their interpretation. J. of Physiol. **45** (1912—1913).

Apitz: Überrhythmische Kontraktionen der überleb. Arterien. Arch. f. exper. Path. **85** (1920).

Arey und Simonds: Anat. Rec. **18** (1920). (Zit. nach Krogh.)

Arjeff und G. Frenckell: Experimentelle Studien zur Frage der aktiven Förderung des Blutstromes durch die Gefäße. („Das periphere Herz".) I. Leningrad. med. J. **1927** (russ.); Verh. 10. Internistenkongr. U.S.S.R. Leningrad **1928**.

— — Nochmals über das „periphere Herz" (Erwiderung an Schwarz). Leningrad. med. J. **1928** (russ.).

— — Experimentelle Studien zur Frage der aktiven Förderung des Blutstromes durch die Gefäße. III. Erscheint in Ber. russ. physiol. Ges. (deutsch).

— — und Archangelskaja: Dasselbe. II. Leningrad. med. J. **1928** (russ.); Verh. 10. Internistenkongr. U.S.S.R. Leningrad **1928**.

Asher: Die Innervation der Gefäße. I. Die zentrale Gefäßinnervation und der periphere Gefäßtonus. Erg. Physiol. II **1** (1902). Literatur.

Atzler: Über den Einfluß der Wasserstoffionen auf die Blutgefäße. Dtsch. med. Wschr. **1923**.

— und Lehmann: Über den Einfluß der Wasserstoffionen-Konzentration auf die Gefäße. Pflügers Arch. **190** (1921).

— — Untersuchungen über den Einfluß der Wasserstoffionenkonzentration auf die Blutgefäße von Säugetieren. Pflügers Arch. **197** (1922).

Baer und Rößler: Beiträge zur Pharmakologie der Lebergefäße. I. Über die Abhängigkeit der Histaminwirkung von der Durchströmungsrichtung. Arch. f. exper. Path. **119** (1928).

Barbier: La methode auscultatoire. Paris 1921.

Barcroft: Die Stellung der Milz im Kreislaufsystem. Erg. Physiol. **25** (1926). Literatur.

— Methoden zur Untersuchung von Veränderungen in der Größe der Milz. Abderhaldens Handbuch der biologischen Arbeitsmethoden. Abt. 5, Teil 8. 1929.

— und Stephens: Observations upon the size of the spleen. J. of Physiol. **64** (1927).

Bard: De l'appréciation des résistances peripheriques par l'auscultation des souffles arteriels. Arch. Mal. Cœur **1917**.

Barié und Colombe: Deux cas d'aortite chronique abdominale avec crises gastriques symptomatiques. Bull. Soc. med. Hôp. Paris **35** (1913).

Basch: Über die Messungen des Blutdruckes am Menschen. Z. klin. Med. **2** (1880).

Bayliss: The reaction of blood vessels to alterations of internal pressure. J. of Physiol. **26** (1901).
— On the local reactions of the arterial wall to changes of internal pressure. J. of Physiol. **28** (1902).
— Die Innervation der Gefäße. II. Die Regulierung der Blutversorgung. Erg. Physiol. **5** (1906). Literatur.
v. Benczur: Die wahre Bedeutung des sogenannten maximalen Blutdruckes. Dtsch. med. Wschr. **1910.**
Benda: Die Gefäße. Aschoffs Pathologische Anatomie. 7. Ausg. Bd. 2. Jena: Gustav Fischer 1928.
Bergmann: Größe des Herzens bei Menschen und Tieren. Inaug.-Diss. München 1854 (zit. nach Külbs).
v. Bergmann, G.: Blutdruckkrankheit. Neue dtsch. Klin. **2.**
Bernard und Soltan: Heart **1913** (zit. nach Mandelstamm.)
Bernstein: Über die sekundären Wellen der Pulskurve. Sitzgsber. Naturforsch.-Ges. Halle, Sitzg 4. März 1887.
Bichat: Zit. nach Marey.
Biedermann: Studium zur vergleichenden Physiologie der peristaltischen Bewegungen. I. Die peristaltischen Bewegungen der Würmer und der Tonus glatter Muskeln. Pflügers Arch. **102** (1904).
Biedl: Über experimentell erzeugte Änderungen der Gefäßweite. Strickers Fragmente aus dem Gebiet der experimentellen Pathologie. 1894, H. 1.
Binet: Questions physiologiques d'actualité. Paris: Masson 1927.
— La physiologie de la rate. Paris: Chanine 1927.
Bittorf: Sitzg schles. Ges. vaterl. Kultur, 17. Jan. 1913. Aussprache. Berl. klin. Wschr. **1913.**
Blumenfeldt: Experimentelle Untersuchungen über die Natur der pulsatorischen Gefäßströme. Pflügers Arch. **162** (1915).
Bogaert: Contribution à l'étude des mensurations de pression aux membres inférieures. Arch. Mal. Cœur. **1913.**
Bogomolez: Über den Blutdruck in den kleinen Arterien und Venen (den Capillaren nahestehenden) unter normalen und gewissen pathologischen Verhältnissen. Pflügers Arch. **141** (1911).
— Die arterielle Hypertonie. Staatsverlag: Moskau und Leningrad 1929 (russ.).
Böhme: Flüssigkeitsaustausch zwischen Blut und Gewebe unter dem Einfluß von Arbeit. Med. Ges. Kiel, Sitzg 20. Jan. 1910. Bericht in Münch. med. Wschr. **1910.**
Boinet: Maladies de l'aorte. In Roger, Gouget et Boinet: Maladies des artères etc. Paris: J. B. Baillière 1921.
de Bonis und Susanna: Über die Wirkung des Hypophysenexstraktes auf isolierte Blutgefäße. Zbl. Physiol. **23** (1910).
Boschowski: Klinische Beobachtungen über das Verhalten des Blutdruckes bei der aktiven und passiven Hyperämie. Inaug.-Diss. Petersburg 1905 (russ.)
Breitmann: Über Kolloidcapillaren. Biochem. Z. **144** (1924).
Breslauer: Experimentelle Untersuchungen über die rückläufige Durchströmung parenchymatöser Organe. Pflügers Arch. **147** (1912).
Broemser: Der Differentialsphygomograph. Z. Biol. 88 (1928).
v. Brücke: Zur Physiologie der Kropfmuskulatur der Aplysia depilans. Pflügers Arch. **108** (1905).
Bykow: Bemerkungen zu der russischen Ausgabe „De motu Cordis" Harweys (russ.). Moskau-Leningrad: Staatsverlag 1927.
Carlson: A note of the physiologie of the pulsating blood vessels in the worms. Amer. J. Physiol. **22** (1908).
— Vergleichende Physiologie der Herznerven und der Herzganglien bei den Wirbellosen. Erg. Physiol. 8 (1909). Literatur.
Carrel: Surgery of blood-vessels. Bull. Hopkins Hosp. **18** (1907).
Christen: Die dynamische Pulsuntersuchung. Leipzig: F. C. W. Vogel 1914.

Cobet: Experimentelle Untersuchungen über die Beziehungen zwischen Blutdrucksteigerung und Dyspnoe. Dtsch. Arch. klin. Med. **143** (1923).
— Über Wechselbeziehungen zwischen Atmung und Blutdruck und ihre klinische Bedeutung. Karlsbader ärztliche Vorträge Bd. 9. 1928.
Coenen und Wiewiorowski: Über das Problem der Umkehr des Blutstromes und die Wietingsche Operation. Bruns' Beitr. **75** (1911). Literatur.
Cohnheim: Über Entzündung und Eiterung. Virchows Arch. **40** (1867).
— Lehrbuch der pathologischen Anatomie. 1877.
Cook und Taussig: J. amer. med. Assoc. **1917** (zit. nach Gallavardin).
Cottard: Anastomoses et greffes vasculaires. Thèse de Paris **1908**.
Crawford und Rosenberger: Studies of human capillaries. I. An apparatus for cinematographic observation of human capillaries. J. clin. Invest. **2** (1926).
— — Dasselbe. II. Observations on the capillary circulation in normal subjects. J. clin. Invest. **2** (1926).
— — Dasselbe. III. Observations in cases of auricular fibrillation. J. clin. Invest. **2** (1926).
— — Dasselbe. IV. Observations on the nature of the capillary pulse in aortic insufficiency. J. clin. Invest. **4** (1927).
— — Dasselbe. V. Observations in cases of heart disease with regular rhythm. J. clin. Invest. **4** (1927).
Cushing: Das neue Sphygmomanometer für klinische Zwecke von Riva-Rocci. Inaug.-Diss. München 1898 (zit. nach Uskoff).
David: Über Fortschritte in der Technik der Blutdruckmessung am Menschen. Dtsch. med. Wschr. **1914**. Literatur.
Dawson: Amer. J. Physiol. **15** (1906) (zit. nach Tigerstedt).
Dehon, Dubus und Heitz: Mesure directe de la pression intra-arterielle chez l'homme vivant. C. r. Soc. Biol. Paris. **72** (1912).
Djakoff: Klinische Beobachtungen über die Blutstromgeschwindigkeit bei Nierenkranken usw. (russ.). Inaug.-Diss. St. Petersburg 1909.
Dmitriewa und Rasstorguewa-Michnowa: Unveröffentlichte Beobachtungen (zit. nach Kurschakoff).
Doberauer: Demonstration eines Falles von operierter Embolie der Arteria axillaris. Prag. med. Wschr. **1907** (Ver.ber. 437).
Dobrynina: Klinische Beobachtungen über die Veränderungen des lokalen und allgemeinen Kreislaufes usw. (russ.). Inaug.-Diss. St. Petersburg 1913.
Donders: Physiologie. 2. Aufl. (zit. nach Cohnheim).
Drželwetsky: Klinische Beobachtungen über den Einfluß des Strophants auf den Blutdruck bei Herzkranken im Dekompensationsstadium (russ.). Inaug. Diss. St. Petersburg 1904.
Ebbecke: Gefäßreaktionen. Erg. Physiol. **22** (1923). Literatur.
— Endothelzellen, „Rougetzellen" und Adventitialzellen in ihrer Beziehung zur Kontraktilität der Capillaren. Klin. Wschr. **1923**.
— Über Zellreizung und Permeabilität. Dtsch. med. Wschr. **1924**.
Edens: Neuere Arbeiten aus dem Gebiete der Herz- und Gefäßkrankheiten. Med. Klin. **1920**.
Ehret: Über Blutdruck und dessen auskultatorische Bestimmungsmethode. Münch. med. Wschr. **1909**.
— Über die Bestimmung des diastolischen Blutdruckes usw. Münch. med. Wschr. **1911**.
Eppinger, Kisch und H. Schwarz: Das Versagen des Kreislaufes. Berlin: Julius Springer 1927.
— Papp und H. Schwarz: Über das Asthma cardiale. Berlin: Julius Springer 1924.
— und Schürmeyer: Kollaps und analoge Zustände. Klin. Wschr. 1928.
Esposito: Contributo sperimentale allo studio della contrattilitá della milza e delle conseguenti modificazioni ematiche per azione dell' adrenalina. Giorn. Clin. med. **1926**.
Ewald: Beitrag zur Theorie der Blutdruckmessung **1883** (zit. nach v. Recklinghausen).
Exner: Zur Mechanik der peristaltischen Bewegungen. Pflügers Arch. **34** (1884).
Faivre: Zit. nach Müller und Pawlowskaja.

Fellner: Klinische Beobachtungen über den Wert der Bestimmung der wahren Pulsgröße (Pulsdruckmessung bei Herz- und Nierenkrankheiten). Dtsch. Arch. klin. Med. 88 (1907).
Fick, A.: Die Druckkurve und Geschwindigkeitskurve in der Arteria radialis des Menschen. Verh. physik.-med. Ges. Würzburg **20** (1886).
— O.: Geschwindigkeitskurve in der Arteria der lebenden Menschen. Untersuchungen aus dem physiologischen Laboratorium der Züricher Hochschule. Wien 1869.
Fischer: Die auskultatorische Blutdruckmessung in Vergleich mit der oszillatorischen und ihr durch die Phasenbestimmung bedingter klinischer Wert. Dtsch. med. Wschr. **1908**.
Fleisch: Enthält der Arterienpuls eine aktive Komponente? Pflügers Arch. **180** (1920).
— Zusammenfassende Betrachtungen über die Frage nach der Existenz einer aktiven Förderung des Blutstromes durch die Arterien. Schweiz. med. Wschr. **1920**. Literatur.
— Die aktive Förderung des Blutstromes durch die Gefäße. Bethe-Embdens Handbuch der normalen und pathologischen Physiologie. Bd. 7, Teil 2. 1927. Literatur.
Fleischer: Über Turgosphygmographie und Fingerplethysmographie. Berl. klin. Wschr. **1908**.
Flourens: Recherches experimentales sur les propriétés et les fonctions du système nerveux. Paris 1842 (zit. nach Gutner).
Fraenkel und Schwartz: Über intravenöse Strophantininjektionen bei Herzkranken. Arch. f. exper. Path. **57** (1907).
Frank, O.: Der Ablauf der Strömungsgeschwindigkeit in den Gefäßen. Z. Biol. **88** (1928).
Franke: Über die Bedeutung der Funktion der peripheren Blutgefäße beim inkompensierten Kreislaufe und über die sogenannte periphere Kompensation (Incompensatio et compensatio peripherica). Wien. klin. Wschr. **1910**.
Frehse: Über den Blutdruck bei der Dyspnoe der Herzkranken. Dtsch. med. Wschr. **1922**.
Frenckell: Klinische Studien über das sogenannte periphere Herz. Vrač. Gaz. (russ.). **1929**.
— Die Gewinnung von unvermischtem Leberblut. Abderhaldens Handbuch der biologischen Arbeitsmethoden. Abt. V, Teil 8. 1929.
— Morphologische Studien über das sogenannte periphere Herz. Erscheint in Ber. russ. Ges. Physiol.
— Durchströmungsversuche an überlebenden Gefäßen zur Frage des sogenannten peripheren Herzens. Erscheint in Ber. russ. Ges. Physiol.
— und Arjeff: Siehe unter Arjeff.
— und Dymschitz: Unveröffentlichte Versuche (1929).
— und Pinchassik: Experimentelle Studien zur Frage der hämolytischen Funktion der Milz. V. Über die Adrenalinreaktion im Lichte der hämolytischen Funktion der Milz. Z. exper. Med. **63** (1928).
Frey: Die Untersuchung des Pulses. Berlin: Julius Springer 1892.
Friedmann, H.: Über Spontankontraktionen überlebender Arterien. I. Pflügers Arch. **181** (1920).
— Dasselbe. II. Mitt. Pflügers Arch. **183** (1920).
Fuchs: Zur Physiologie und Wachstumsmechanik des Blutgefäßsystems. II. Z. allg. Physiol. **2** (1902).
Full: Versuche über die automatischen Bewegungen der Arterien. Z. Biol. **61** (1919).
Gager: Blood pressure changes accompanying coronary occlusion. J. amer. med. Assoc. **1925**.
Galabin: J. Anat. a. Physiol. **5** (1875).
Galen: Zit. nach Bykow.
Gallavardin: La tension arterielle en clinique. 2. Edit. Paris: Masson 1921. Literatur.
Gaskell: On the innervation of the heart with special reference to the heart of the tartoise. J. of Physiol. 4 (1883).
Geisböck: Die Bedeutung der Blutdruckmessung für die Praxis. Dtsch. Arch. klin. Med. **83** (1905).
Goldschmid: Verhalten der Gefäße beim Tod. Orte des Blutes. Bethe-Embdens Handbuch der normalen und pathologischen Physiologie Bd. 7, 2. Hälfte. 1927.

Goltz: Über den Tonus der Gefäße und seine Bedeutung für die Blutbewegung. Virchows Arch. **29** (1864).

Golubew: Beiträge zur Kenntnis des Baues und der Entwicklungsgeschichte der Capillargefäße des Frosches. Arch. mikrosk. Anat. **5** (1869).

Granström: Zur Frage nach der zentralen oder peripheren Richtung der dikroten Welle (russ.). Ber. Mil.-Med. Ak. **1907**.

Gruwmach: Über die Fortpflanzungsgeschwindigkeit der Pulswellen. Arch. f. Physiol. **1879**.

Grünberg: Über die Contractilität der Arterien des Menschen im Zusammenhang mit den pathologisch-anatomischen Veränderungen ihrer Wandungen. Virchows Arch. **256** (1925).

Grützner: Die glatten Muskeln. Erg. Physiol. II **3** (1904) Literatur.

— Betrachtungen über die Bedeutung der Gefäßmuskeln und ihrer Nerven. Dtsch. Arch. klin. Med. **89** (1907).

— Über die Tätigkeit der Arterien. Münch. med. Wschr. **1907** (Ver.ber. 1802).

— Kamm und Plotke: Über verschiedene Arten der Nervenerregung. I. Über die Einwirkung von Wärme und Kälte auf Nerven. Pflügers Arch. **17** (1878).

Gryzewitsch und Mittelstedt: Funktionelle Diagnostik des Herzgefäßsystems mit Hilfe der Capillaroskopie. Ter. Arch. (russ.) **3** (1925), nebst einer deutschen Zusammenfassung.

Gutner: Die Geschichte der Entdeckung des Kreislaufes (Harvey und seine Bedeutung). Arbeiten des Lehrstuhls für Geschichte der Medizin an der Universität Moskau Bd. 1. 1904 (russ.).

Guttmann: Zur Symptomatologie der Aortenineurismen. Z. klin. Med. **6** (1883).

Hackenbruch: Zur Diagnose klappenschlußunfähiger Varizen an der unteren Extremität. Verh. dtsch. Ges. Chir. **40** (1911).

Haedicke: Über die primären und sekundären Triebkräfte des Blut- und Lymphkreislaufes. Eine Ergänzung des Harveyschen Gesetzes. Fortschr. Med. **46** (1928).

Halpert: Über Mikrocapillarbeobachtungen bei einem Falle von Raynaudschen Krankheit. Z. exper. Med. **11** (1920).

Hare: Ther. Gaz. **1910** (zit. nach Williamson).

Harrington: Amer. J. Physiol. **1** (1898). (Zit. nach R. Tigerstedt.)

Harvey: De motu cordis et sanguinis in animalibus (russische Ausgabe). Leningrad-Moskau: Staatsverlag 1927.

Hasebroek: Versuch einer Theorie der gymnastischen Therapie der Zirkulationsstörungen auf Grund einer neuen Darstellung des Kreislaufes. Dtsch. Arch. klin. Med. **77** (1903).

— Erwiderung an Rosenbach. Berl. klin. Wschr. **1903**.

— Die Blutdrucksteigerung vom ätiologischen und therapeutischen Standpunkt. 1910 (zit. nach de Vries-Reilingh).

— Über die Selbständigkeit der Peripherie des Kreislaufes und ihre Beziehungen zum zentralen System. Dtsch. Arch. klin. Med. **102** (1911).

— Physikalisch-experimentelle Einwände gegen die sogenannte arterielle Hypertension usw. Pflügers Arch. **143** (1912).

— Über die Dikrotie des Arterienpulses nach Versuchen mit ihrer künstlichen Erzeugung in elastischen Röhren. Pflügers Arch. **147** (1912).

— Über den extrakardialen Kreislauf des Blutes vom Standpunkt der Physiologie, Pathologie und Therapie. Jena: Gustav Fischer 1914. Literatur.

— Eine physikalisch-experimentell begründete neue Auffassung der Pathogenese der Varizen. Dtsch. Z. Chir. **136** (1916).

— Über die Bedeutung der Arterienpulsation für die Pathogenese der Varizen. Pflügers Arch. **163** (1916).

— Die Entwicklungsmechanik des Herzwachstums, sowie der Hypertrophie und Dilatation des Herzens und das Problem des extrakardialen Blutkreislaufes. Pflügers Arch. **168** (1917).

— Zum Problem des extrakardialen Blutkreislaufes. Klin. Wschr. **1923**.

— Über den peripheren Blutkreislauf und dessen selbständige Stromförderung. Klin. Wschr. **1928**. Literatur.

— Muskelarbeit und peripheres Herz. Klin. Wschr. **1929**.

Heimberger: Zit. nach Kurwiz.
Heitz: Des mensurations de préssion dans les artères des membres infèrieurs. Arch. Mal. Cœur **1913**.
Henle: Allgemeine anatomische Lehre von den Mischungs- und Formbestandteilen des menschlichen Körpers. Leipzig: Voß 1841.
— Handbuch der rationellen Pathologie. Bd. 1—2. Braunschweig: F. Vieweg 1846—53.
— Handbuch der Gefäßlehre des Menschen. 2. Aufl. Braunschweig: F. Vieweg 1876.
Henning: Experimentelle Untersuchungen über die Milzsperre. Z. exper. Med. **54** (1927).
Hensen: Beiträge zur Physiologie und Pathologie des Blutdrucks. Dtsch. Arch. klin. Med. **67** (1900).
Heptner: Siehe unter Hürthle.
Hering: Karotissinusreflexe auf Herz und Gefäße. Dresden und Leipzig: Theodor Steinkopff 1927.
Heß, L.: Über das Asthma cardiale und seine Beziehungen zum Lungenödem. Wien. Arch. inn. Med. **3** (1922).
— W.: Reibungswiderstand des Blutes und Poisseuillesches Gesetz. Z. klin. Med. **74** (1912).
— Der Strömungswiderstand des Blutes gegenüber kleinen Druckwerten. Arch. f. Physiol. Suppl. **1912**.
— Gehorcht das Blut dem allgemeinen Strömungsgesetz der Flüssigkeit? Pflügers Arch. **162** (1915).
— Die Arterienmuskulatur als „peripheres Herz". Pflügers Arch. **163** (1916).
— Untersuchungen über den Antrieb des Blutstromes durch aktive Gefäßpulsationen. Pflügers Arch. **173** (1919).
— Die physiologischen Grundlagen der pathologischen Blutdrucksteigerung. Schweiz. med. Wschr. **1923** (Literatur).
— Die Regulierung des peripheren Blutkreislaufes. Erg. inn. Med. **23** (1923) Literatur.
— Die Gesetze der Hydrostatik und Hydrodynamik. Bethe-Embdens Handbuch der normalen und pathologischen Physiologie. Bd. 7, 2. Hälfte. Literatur.
Hewlett, v. Zwaluwenburg und Agnew: Arch. int. Med. **12** (1913) (zit. nach R. Tigerstedt).
Heymann: Zur Gefäßchirurgie. Zbl. Chir. **1911**. Ver.ber. 832.
Hill und Flack: On the method of measuring the systolic, pressure in man, and the accuracy of this method. Brit. med. J. **1909**.
— — und Holtzmann: Heart **1909—10** (zit. nach Gallavardin).
— — und Rowlands: Heart **1911—12** (zit. nach Murrey).
Hinselmann: Ein eigenartiges Zirkulationsphänomen bei einer Schwangeren und einer Eklamptischen. Dtsch. med. Wschr. **1922**.
Hochrein: Zur Frage der Blutdruckanomalien. Arch. f. exper. Path. **119**.
Hoffa und C. Ludwig: Einige neue Versuche über Herzbewegung. Z. ration. Med. **9** (1850).
Hofmokl: Untersuchungen über die Blutdruckverhältnisse im großen und kleinen Kreislaufe. Strickers med. Jb. **1875**.
Hooker: The effect of exercise upon the venous blood pressure. Amer. J. Physiol. **28** (1911).
Hoorweg: Über die peripherische Reflexion des Blutes. Pflügers Arch. **110** (1905).
Hürthle: Über den Ursprungsort der sekundären Wellen der Pulskurve. Arch. ges. Physiol. **47** (1890).
— Ist eine altive Förderung des Blutstromes durch die Arterien erwiesen? Pflügers Arch. **147** (1912).
— Über die Beziehung zwischen Druck und Geschwindigkeit des Blutes in den Arterien. Pflügers Arch. **147** (1912).
— Über Anzeichen einer Förderung des Blutstromes durch aktive pulsatorische Tätigkeit der Arterien. Berl. klin. Wschr. **1913**.
— Über Förderung des Blutstromes durch den Arterienpuls. Dtsch. med. Wschr. **1913**.
— Über pulsatorisch-elektrische Erscheinungen an den Arterien. Skand. Arch. Physiol. (Berl. u. Lpz.) **29** (1913).
— Über elektrische Erscheinungen bei pulsatorischer Dehnung toter Arterien. Berl. klin. Wschr. **1913**.
— Die Arbeit der Gefäßmuskeln. Dtsch. med. Wschr. **1914**.

Hürthle: Über die Natur der pulsatorisch-elektrischen Arterienströme (Aktions- oder Strömungsströme?). Berl. klin. Wschr. **1914**.
— Kritischer Bericht über das Buch von K. Hasebroek „Über den extrakardialen Kreislauf des Blutes" usw. Berl. klin. Wschr. **1914**.
— Untersuchungen über die Frage einer Förderung des Blutstromes durch die Arterien. Pflügers Arch. **162** (1915).
— Die Analyse der Druck- und Strompulse. Pflügers Arch. **162** (1915).
— Über die Änderungen der Strompulse unter dem Einfluß vasoconstrictorischer Mittel. Pflügers Arch. **162** (1915).
— Der Strompuls nach Lähmung der Gefäße. Pflügers Arch. **162** (1915).
— Analyse der arteriellen Druck- und Stromkurve des Hundes. Pflügers Arch. **162** (1915).
— Zusammenfassende Betrachtungen usw. Pflügers Arch. **162** (1915).
— Über die Anwendbarkeit des Poisseuilleschen Gesetzes auf den Blutstrom. Pflügers Arch. **173** (1918).
— Vergleich der Druck- und Durchmesserschwankungen der Arterien. Pflügers Arch. **200** (1923).
— und Heptner: Über die Beziehung zwischen Durchmesser und Wandstärke der Arterien nebst Schätzung des Anteils der einzelnen Gewebe im Aufbau der Wand. Pflügers Arch. **183** (1920).
— Sachs und Riemann: Vergleich des mittleren Blutdruckes in Carotis und Cruralis. Arch. ges. Physiol. **110** (1905).
Hwiliwitzkaja: Über Elastizität, Contractilität und Volumen der menschlichen Leichenaorta. Verh. d. 8. allruss. Internistenkongr. Leningrad **1925** (russ.); Deutsch in Virchows Arch. **261** (1926).
— Über die postmortale Contractilität der menschlichen Aorta. Virchows Arch. **268** (1928).
Hyrtl: The natural hystory revieu 1862 (zit. nach Henle).
Ignatowsky: Studien zur Frage der Blutstromgeschwindigkeit usw. (russ.). Ber. mil.-med. Akad. **1909**.
Iwai: Untersuchungen über den Einfluß der Wasserstoffionenkonzentration auf die Coronargefäße und die Herztätigkeit. Pflügers Arch. **202** (1924).
Iwanoff: Über die Einwirkung systematischer Muskelübungen auf den Blutdruck in den Arterien, Capillaren und Venen (russ.). Ber. mil.-med. Akad. **12** (1906).
Jacobson: Über die Blutbewegung in den Venen. Virchows Arch. **36** (1866).
Janowsky, M.: Über die klinische Methodik der Bestimmung des Mechanismus der arteriellen Druckveränderungen (russ.). Ber. mil.-med. Akad. **10** (1905).
— Die Bedeutung der Kontraktionen der Gefäßwandungen bei Kompensationsstörungen (russ.). Ber. mil.-med. Akad. **18** (1909).
— Über das periphere Herz. Nautschnaja Med. (russ.) **1922**.
— Über die Funktionsfähigkeit des arteriellen peripheren Herzens. Nautschnaja Med. (russ.). **1923**.
— Klinische Beiträge zur Lehre über das periphere arterielle Herz. Z. klin. Med. **98** (1924).
— Lehrbuch der Diagnostik (russ.). Leningrad-Moskau: Staatsverlag 1928.
Jegoroff, B.: Intravitale Diagnostik der Myokardinfarkte. Verh. 9. Internistenkongr. U.S.S.R. **1926**; Klin. Med. **1927** (russ.).
— P.: Sphygmographie bei Flecktyphus. Nautschnaja Med. **1923** (russ.).
Johannson: Die Reizung der Vasomotoren nach der Lähmung der cerebrospinalen Herznerven. Arch. f. Physiol. **1891**.
Josué: Bull. Soc. méd. Hôp. Paris **35** (1913) (Aussprache S. 306).
Jürgensen, E.: Beobachtungen über Capillarpuls. Z. klin. Med. **81** (1914).
— Bewertung von Capillarpulsbeobachtungen mit besonderer Berücksichtigung luetischer Aortenveränderungen. Z. klin. Med. **83** (1916).
— Mikrocapillarbeobachtungen. Dtsch. Arch. klin. Med. **132** (1920).
Karfunkel: Untersuchungen über die sogenannten Venenherzen der Fledermaus. Arch. f. Physiol. **1905**.
Kaufmann: Funktion der Venenklappen. Bethe-Embdens Handbuch der normalen und pathologischen Physiologie. Bd. 7, Teil 2. Literatur.
— Pathologie des arteriellen Blutdruckes. Bethe-Embdens Handbuch der normalen und pathologischen Physiologie. Bd. 7, Teil 2. Literatur.

Kaufmann: Einfluß des hydrostatischen Druckes auf die Blutbewegung. Bethe-Embdens Handbuch der normalen und pathologischen Physiologie. Bd. 7, Teil 2. Literatur.
Kautsky: Zur normalen und pathologisehen Physiologie des Kreislaufes. Pflügers Arch. **171** (1918).
Kirihara: Über den Einfluß kleinster Säure- und Laugenmengen auf den Blutdruck. Pflügers Arch. **203** (1924).
Klingmüller: Zur Frage der Capillarperistaltik. I. Zbl. inn. Med. **1925**.
— Capillarstudien. I. Zur Frage der Capillarperistaltik. II. Z. exper. Med. **46** (1925).
— Dasselbe II. Über Capillardruck. Z. exper. Med. **47** (1925).
— Dasselbe III. Über die Scheitelkügelchen der Nagelfalzcapillaren. Z. exper. Med. **55** (1927).
— Dasselbe IV. Über Präcapillarrhythmen. Z. exper. Med. **56** (1927).
Knoll: Über den Einfluß des Herzvagus auf die Zusammenziehungen der Vena cava superior beim Säugetier. Pflügers Arch. **68** (1897).
— Wien. Sitzgsber. **97** (1888); **99** (1890); **103** (1894) (zit. nach Pletnew).
— Beiträge zur Kenntnis der Pulskurve. Arch. f. exper. Path. **9** (1878).
Koeppe: Muskeln und Klappen in den Wurzeln der Pfortader. Arch. f. Physiol. Suppl. **1890**.
Kolossow: Zur Frage der Blutdruckveränderungen bei Herzkranken mit Kompensationsstörungen usw. (russ.). Inaug.-Diss. St. Petersburg **1903**.
Korotkow: Über die Methodik der Blutdruckbestimmung (russ.). Ber. mil.-med. Akad. **11** (1905).
— Über die Blutdruckbestimmung. Vrač. Gaz. (russ.) **1906**.
Kraus und Nikolai: Über die funktionelle Solidarität der beiden Herzhälften. Dtsch. med. Wschr. **1908**.
Krawkow: Über die Eigenkontraktionen der Gefäße. Russk. Wratsch. **1916**.
— Funktionelle Eigenschaften der Blutgefäße isolierter Organe. Z. exper. Med. **27** (1922).
v. Kries: Über die Beziehungen zwischen Druck und Geschwindigkeit, welche bei der Wellenbewegung in elastischen Schläuchen bestehen. Festschrift 56. Verslg dtsch. Naturforsch. Freiburg i. B. **1883** (zit. nach Hürthle).
— Über ein neues Verfahren zur Beobachtung der Wellenbewegung des Blutes. Arch. f. Physiol. **1887**.
Krogh: The regulation of the supply of blood to the right heart. Skandin. Arch. f. Physiol. **27** (1912).
— Anatomie und Physiologie der Capillaren. 2. Aufl. Berlin: Julius Springer 1929. Literatur.
Kryloff: Klinische Beobachtungen über die Veränderungen des Blutdruckes usw. (russ.). Inaug.-Diss. St. Petersburg 1906.
— Über Blutdruckbestimmung nach der Korotkowschen Schallmethode (russ.). Ber. mil.-med. Akad. **13** (1906).
— Über die therapeutische Bedeutung des Nytroglycerins bei Herzkranken mit Kompensationsstörungen (Zur Frage über das „periphere Herz“) (russ.). Ber. mil.-med. Akad. **13** (1906).
— Klinik der chronioseptischen Erkrankungen (russ.). Leningrad-Moskau: Staatsverlag 1928.
Kryžanowsky: Über die unblutige Methode der Bestimmung des aortalen Druckes. Vrač. Delo (russ.) **1925**.
Kukulka: Über die mikroskopisch feststellbaren, funktionellen Veränderungen der Gefäßcapillaren nach Adrenalinwirkung. Z. exper. Path. u. Ther. **21** (1920).
Külbs: Experimentelles über Herzmuskel und Arbeit. Arch. f. exper. Path. **55** (1906).
Kurschakoff: Über den Ton an der Art. brachialis und deren klinische Bedeutung. Vrač. Vestn. **1922** (russ.).
— Der capillare Kreislauf bei verschiedenen Stauungsgraden (russ.). Z. ärztl. Fortbildg **1924**.
— Zur Frage über die Bedeutung der Blutdruckbestimmung nach Riva-Rocci. Vrač. Delo (russ.) **1925**.
— Die Sphygmanographie der Korotkowschen Erscheinungen bei typischen Pulsformen. Ter. Arch. (russ.) **3** (1925).

Kurschakoff: Über selbständige Gefäßkontraktion usw. Klin. Med. **1925** (russ.).
— Über die funktionelle Suffizienz des Kreislaufsystems (russ.). Arch. Klin. Staatsuniv. Woronesh. **1** (1926).
— Zur Frage des Blutdruckanstieges im peripheren Abschnitte der Arterie bei gleichzeitiger Kompression des zentralen Abschnittes und über das periphere Herz. Klin. Med. (russ.) **1927**.
— Über das arterielle periphere Herz. Thesenverzeichnis des 10. allruss. Internistenkongr. Leningrad **1928**.
— Contribution à l'étude du rôle propulsif des muscles artériel (coeur arteriel periphérique). Ter. Arch. (russ.) **7** (1929) (russ. nebst franz. Referat daselbst). Literatur.
— und Panow: Zur Frage über die Bedeutung der Geräuschphase bei auskultativen Blutdruckmessungen. Arb. Staatsuniv. Woronesh **4** (1927) (russ. nebst einer deutschen Zusammenfassung).
Kurwiz: Zur Frage über die klinische Bedeutung capillaroskopischer Beobachtungen Ter. Arch. (russ.). **5** (1927).
Kylin: Die Hypertoniekrankheiten. Berlin: Julius Springer 1926. Literatur.
— Kann das Capillarsystem als ein peripheres Herz angesehen werden? Zbl. inn. Med. **1922**.
— Über die peristaltischen Bewegungen der Blutcapillaren. Klin. Wschr. **1923**.
— Klinische und experimentelle Studien über die Hypertoniekrankheiten. Stockholm 1923 (zit. nach Klingmüller).
Landois: Die Lehre vom Arterienpuls. Berlin: August Hirschwald 1872.
— Lehrbuch der Physiologie des Menschen. 11. Aufl. (Rosenmann). Berlin und Wien: Urban u. Schwarzenberg 1905.
Lang und Manswetowa: Zur Methodik der Blutdruckmessung nach v. Recklinghausen und Korotkoff. Verh. Petersburg. Ges. russ. Ärzte **1908**; deutsch in Dtsch. Arch. klin. Med. **94** (1908).
— — Zur Frage der Veränderungen des arteriellen Blutdrucks bei Herzkranken während der Kompensationsstörung. Verh. Petersburg. Ges. russ. Ärzte **1908**; deutsch in Dtsch. Arch. klin. Med. **94** (1908).
Laubry, Mougeot und Walser: Les syndromes d'aortite postérieure. Paris: O. Doin 1925.
— und Pezzi: Traité des maladies congénitales du coeur. Paris: J. B. Baillière 1921.
Ledderhose: Studien über den Blutlauf in den Hautvenen unter physiologischen und pathologischen Bedingungen. Mitt. Grenzgeb. Med. u. Chir. **15** (1906).
Legros: Des nervs vasomoteurs. Paris 1873 (zit. nach Grützner, Kamm und Plotke).
— und Onimus: Recherches experimentales sur la circulation et specialement sur la contractilité arterielle. J. Anat. et Physiol. **5** (1868).
Lendorff: Über die Ursachen der typischen Schwankungen des allgemeinen Blutdruckes bei Reizung der Vasomotoren. Arch. f. Physiol. **1908**.
Leschke: Differenzen bei der Blutdruckmessung und Gefäßveränderungen in Arm- und Beinarterien bei Aortenklappeninsuffizienz, Hypertonie und Arteriosklerose. Dtsch. med. Wschr. **1922**.
Lewis: Die Blutgefäße der menschlichen Haut und ihr Verhalten gegen Reize (Übertragung von Schilf). Berlin: S. Karger 1928.
— und Wolf: Studies of capillary pulsation, with special reference to vasodilatation in aortic regurgitation and including observations on the effects of heating the human skin. Heart **11** (1924).
Lichtheim: Die Störungen des Lungenkreislaufes und ihr Einfluß auf den Blutdruck. Breslau 1876 (zit. nach Welch).
Lichtwitz: Die Praxis der Nierenkrankheiten. 2. Aufl. Berlin: Julius Springer 1925.
Liesegang: Biologische Kolloidchemie. Dresden und Leipzig: Theodor Steinkopff 1928.
Lindhard: Über das Minutenvolumen des Herzens bei Ruhe und bei Muskelarbeit. Pflügers Arch. **161** (1915).
Loer: Vergleichende Untersuchungen über die Masse und Proportionalgewichte des Vogelherzens. Pflügers Arch. **140** (1911).
Loschkarewa: Zur Frage der Blutdrucksteigerung bei Herzinsuffizienz. Dtsch. Arch. klin. Med. **143** (1924).

Luchsinger: Von den Venenherzen in der Flughaut der Fledermäuse. (Ein Beitrag zur Lehre von dem peripheren Gefäßtonus.) Pflügers Arch. **26** (1881).
Luisada: Le lacune ascoltatore. Riforma med. **42** (1926).
— Modifications de la circulation périphèrique au cours des troubles du rhythme cardiaque. Arch. Mal. Cœur **1927**.
— Les encoches artérielles de la courbe du pouls (anacrotisme et dicrotisme). Arch. Mal. Cœur **1928**.
— und Geraudel: Les encoches artèrielles de la courbe du pouls. J. Physiol. et Path. gén. **1927** (zit. nach Luisada).
— und Tremonti: Contributio alla therapia dei collassi. 1. Il tono e la contrattilità arteriosa studiati su preparati di rana alla Läwen-Trendelenburg. Sperimentale **82** (1928).
Mackenzie: Die Lehre vom Puls (deutsche Ausgabe). Frankfurt a. M.: Johannes Alt 1904.
— Lehrbuch der Herzkrankheiten. 2. deutsche Auflage (Rothberger). Berlin: Julius Springer 1923.
Mac William und Kesson: Heart **3** (1913) (zit. nach Kylin).
— und Melvin: Systolic and diastolic blood pressure estimation with special reference to the auditory Method. Brit. med. J. **1914**.
— — Heart **1913/14** (zit. nach Mandelstamm und Rhe).
Magnus, G.: Chirurgisch wichtige Beobachtungen am Capillarkreislauf im Bilde des Hautmikroskops usw. Münch. med. Wschr. **1921**.
— Zirkulationsverhältnisse in Varizen. Dtsch. Z. Chir. **162** (1921).
— Der Beginn der Entzündung im Bilde direkter Capillarbeobachtung. Arch. klin. Chir. **120** (1922).
— Weitere Ergebnisse der direkten Capillarbeobachtungen. Tagg mittelrhein. Chir.verslg. Zbl. Chir. **1922**.
— Der spontane Verschluß des verletzten Gefäßes. Med. Klin. **1924**.
Mall: Die Blut- und Lymphwege im Dünndarm des Hundes. Leipzig 1887 (zit. nach Koeppe).
Mandelstamm: Über die Blutdruckunterschiede in verschiedenen Gefäßgebieten beim Menschen. Verh. 8. allruss. Internistenkongr. **1925**. Z. ärztl. Fortbildg **1927** (russ.).
Mareš: Der allgemeine Blutstrom und die Förderung der Blutströmung der Organe durch die Tätigkeit ihres Gefäßsystems. I. Förderung des Blutstromes durch aktive Beteiligung der Gefäße am arteriellen Pulse. Pflügers Arch. **165** (1916).
— Dasselbe, II. Die Atembewegungen des Gefäßsystems. Pflügers Arch. **165** (1916).
— Dasselbe, III. Die Grundlagen der herrschenden vasomotorischen Theorie. Pflügers Arch. **165** (1916).
— Dasselbe, IV. Mechanismus des Eigentriebes der Blutdurchströmung in verschiedenen Organen. Pflügers Arch. **165** (1916).
Marey: La circulation du sang. Paris: Masson 1881.
Mautner und Pick: Über die durch „Shockgifte“ erzeugten Zirkulationsstörungen. Münch. med. Wschr. **1915**.
— — Dasselbe, II. Das Verhalten der überlebenden Leber. Biochem. Z. **127** (1922).
Mayer, S.: Die Muskularisierung der capillaren Blutgefäße. Nachweis des anatomischen Substrats ihrer Contractilität. Anat. Anz. **21** (1902).
Mendelsohn: Das Herz — ein sekundäres Organ. Eine Kreislauftheorie. Z. Kreislaufforschg **1928**.
Merke und Al. Müller: Experimentelles zur Hydromechanik und Hämodynamik. 5. Blutige Durchmessungen am Tier und am Menschen. Z. exper. Med. **46** (1925).
Meyer, O.: Über einige Eigenschaften der Gefäßmuskulatur mit besonderer Berücksichtigung der Adrenalinwirkung. Z. Biol. **48** (1906).
— H. und Gottlieb: Die experimentelle Pharmakologie. Berlin und Wien: Urban und Schwarzenberg 1910.
Minet: Aortite abdominale aigue post scarlatineuse. Bull. Soc. med. Hôp. Paris **34** (1912).
Mjassnikow und Grotel: Über die dikrote Welle und die Deutung des Sphygmogramms (Zur Frage über das sogenannte periphere Herz). Ter. Arch. (russ.) **6** (1928); ein deutsches Referat daselbst.
— und Kaljaewa: Beobachtungen über den Blutdruck in den Fingerarterien Ter. Arch. (russ.) **6** (1928); ein deutsches Referat daselbst.

Mjassnikow und Alx. Müller: Weitere Beobachtungen über den Blutdruck in bezug auf das „periphere Herz" (russ.). Verh. 9. Internistenkongr. U.S.S.R. **1926**.
— — und Petrow: Beobachtungen über den Blutdruck nach der Pozainschen Methode. Klin. Med. (russ.) **1928**.
— Neschel und Skršinskaja: Zur Frage des sogenannten peripheren Herzens (russ.). Verh. 13. Internistenkongr. U.S.S.R. **1925**.
— — — Über die Geräuschphase beim Blutdruckmessen nach Korotkow. Klin. Med. (russ.) **1928**.
Moens: Die Pulskurve. Leiden 1878 (zit. nach Grunmach).
Mougeot: Quatres signes dynamiques de la sclérose aortique. Presse méd. **1922**.
Müller: Würzburg. naturwiss. Z. **3** (zit. nach Henle).
Müller, Al. und Lambossy: Einführung in die Mechanik des Kreislaufes. Abderhaldens Handbuch der biologischen Arbeitsmethoden Abt. V, Teil 8.
— Alx.: Über die klinische Bestimmung der Arterienwandspannung und ihre Bedeutung. Dtsch. Arch. klin. Med. **146** (1924).
— und Pawlowskaja: Über die Verhältnisse zwischen dem arteriellen Drucke auf den oberen und unteren Extremitäten usw. (russ.). Verh. 8. Internistenkongr. U.S.S.R. **1925**.
— C.: Vasomotorische Veränderungen bei chronischer Herzinsuffizienz. Dtsch. Arch. klin. Med. **142** (1923).
— Fr.: Ein Beitrag zur Kenntnis der Gefäßmuskulatur. Arch. f. Physiol. Suppl. **1906**.
— Die Bedeutung des Blutdruckes für den praktischen Arzt. Münch. med. Wschr. **1923**.
— O.: Über rhythmische Spontankontraktionen von Arterien. Z. Biol. **61** (1913).
— Ergebnisse der Capillarmikroskopie am Menschen. Klin. Wschr. **1923**.
— Vorwort zu der Abhandlung von Schickler und Mayer-List (s. d.).
— und Blauel: Zur Kritik des Riva-Roccischen und Gärtnerschen Sphygmomanometers. Dtsch. Arch. klin. Med. **91** (1907).
— Weiß, Niekau und Parrisius: Die Capillaren der menschlichen Oberfläche in gesunden und kranken Tagen. Stuttgart: Ferdinand Enke 1922. Literatur.
Murray: Systolic and diastolic blood pressures in aortic regurgitation. Brit. med. J. **1914**.
Natus: Beiträge zur Lehre von der Stase nach Versuchen am Pankreas des lebenden Kaninchens. Virchows Arch. **199** (1910).
Nesterow: Die Contractilität der Blutcapillaren des lebenden Menschen. Russk. fiziol. ž. 8 (1925).
Niekau: Ergebnisse der Capillarbeobachtung an der Körperoberfläche des Menschen. Erg. inn. Med. **22** (1922). Literatur.
Nobl: Der variköse Symptomenkomplex. 2. Aufl. Berlin u. Wien: Urban u. Schwarzenberg 1918.
Oberndorfer: Beitrag zur Frage der Lokalisation atherosklerotischer Prozesse in den peripheren Arterien. Dtsch. Arch. klin. Med. **102** (1911).
Obrastzow und Straschesko: Zur Kenntnis der Thrombose der Coronararterie des Herzens (russ.). Verh. 1. russ. Internistenkongr. **1909**; deutsch in Z. klin. Med. **71** (1910).
Okunew: Über den Blutkreislauf in der oberen Extremität bei Anpressung von verschiedener Stärke bei Kranken mit Zirkulationsstörungen. Arb. Klin. Staatsuniv. Woronesh **3** (1928) (russ. nebst einem deutschen Referat).
Openchowski: Über die Druckverhältnisse im kleinen Kreislaufe. Pflügers Arch. **27** (1882).
— Das Verhalten des kleinen Kreislaufs gegenüber einigen pharmakologischen Agentien, besonders gegen die Digitalisgruppe. Z. klin. Med. **16** (1889).
Oppel: Die Wietingsche Operation und reduzierter Kreislauf. Vrač. Gaz. (russ.) **1913**.
— Die Theorie des inversen und transvertierten Kreislaufs usw. Russk. Wratsch. **1913**.
Pagnicz: De la signification des diffèrences entre les pressions artérielles locales. Bull. Soc. méd. Hôp. Paris **35** (1913).
— Coste und Escalier: Etude sur la contractilité de la rate. Presse méd. **1925**.
Parkinson und Bedford: Successive changes in the electrocardiogram after cardiac infarction (coronary thrombosis). Heart **14** (1928).
Parrisius: Zur Frage der Contractilität der menschlichen Hautcapillaren. Pflügers Arch. **191** (1921).

Parrot: Über die Größenverhältnisse des Herzens bei den Vögeln. Zool. Jb. **1894** (zit. nach Hasebroek).
Peller: Zur Theorie des arteriellen Minimaldruckes und dessen Bestimmung. Wien. Arch. inn. Med. **3** (1922).
Perthes: Über die Operation der Unterschenkelvarizen nach Trendelenburg. Dtsch. med. Wschr. **1895**.
Perwoff: Zur Frage der Funktionsfähigkeit der Arterienmuskulatur. Nautschnaja Med. (russ.) **1922**.
Plesch: Die Herzklappenfehler einschließlich der allgemeinen Diagnostik, Symptomatologie und Therapie der Herzkrankheiten. Kraus-Brugschs Handbuch der speziellen Pathologie und Therapie. Bd. **4**, 2. Hälfte.
Pletnew: Störungen der Synergie beider Herzkammern. Erg. inn. Med. **8**; Kinderheilk. **3** (1909). Literatur.
— Zur Frage der intravitalen Differentialdiagnose der rechten und linken Coronararterienthrombose des Herzens. Russk. Klin. **4** (1925); deutsch in Z. klin. Med. **102** (1925).
Poiseuille: Ann. Physik. u. Chem. **58** (zit. nach Volkmann).
— Ann. de Chym. III. s. **7** (zit. nach Heß).
Potain: Le tension artèrielle chez. l'homme. Paris 1902.
Preyer: Physiologie der Embryos. Leipzig 1885.
Přibram: Hypophyse und Raynaudsche Krankheit. Münch. med. Wschr. **1920**.
v. Recklinghausen: Über Blutdruckmessung beim Menschen. Arch. f. exper. Path. **46** (1901).
— Unblutige Druckmessung. Arch. f. exper. Path. **55** (1906).
— Was wir durch die Pulsdruckkurve und durch die Pulsdruckamplitude über den großen Kreislauf erfahren. Arch. f. exper. Path. **56** (1907).
Reh: Über die durch die Blutdruckmanschette hervorgerufenen Schallerscheinungen des Pulses und ihre Bedeutung. Z. klin. Med. **97** (1923). Literatur.
— Neues zur Lehre vom Pulse und zur Auffassung der Hochdruckstauung. Z. klin. Med. **100** (1924).
Reinberg: Röntgenstudien über die normale und pathologische Physiologie des Tracheobronchialbaumes. Fortschr. Röntgenstr. **3** (1925).
Reingold: Zur Methodik der klinischen Bestimmung des Blutdruckes. Arb. Klin. Staatsuniv. Woronesh. **3** (1928) (russ. nebst einem deutschen Referat).
Ribierre: Bull. Soc. méd. Hôp. Paris **35** (1913) (Aussprache).
Riegel: Über den Einfluß des Nervensystems auf den Kreislauf und die Körpertemperatur. Pflügers Arch. **4** (1871).
Rolleston: Heart **1912** (zit. nach Leschke).
Rollett: Physiologie der Blutbewegung in Hermanns Handbuch der Physiologie 1880.
Roncato: Arch. di Fisiol. **20** (1922) (zit. nach Fleisch).
Rosenbach, O.: Über artifizielle Herzklappenfehler. Arch. f. exper. Path. **9** (1878).
— Die Krankheiten des Herzens und ihre Behandlung. Wien u. Leipzig: Urban und Schwarzenberg 1897.
— Bemerkuugen zur Lehre von der Energetik des Kreislaufs. Z. klin. Med. **40** (1900).
— Warum sind wissenschaftliche Schlußfolgerungen auf dem Gebiet der Heilkunde so schwierig? usw. Z. klin. Med. **50** (1903).
— Eine neue Kreislauftheorie. Berl. klin. Wschr. **1903**.
Rothlin: Experimentelle Studien über die Eigenschaften überlebender Gefäße unter Anwendung der chemischen Reizmethode. Biochem. Z. **111** (1920).
Rothmann, M.: Ist eine experimentelle Umkehr des Blutstromes möglich? Berl. klin Wschr. **1912**.
— Ist das Poiseuillsche Gesetz für Suspensionen gültig? Pflügers Arch. **155** (1914).
Rouget: Mémoire sur le developpement, la structure et les propriétés physiologiques des capillaires sanguines et lymphatiques. Arch. de Physiol. normale et Path. Paris **5** (1873).
— Sur la contractilité des capillaires sanguins. C. r. Acad. Sci. Paris **1879**.
Roy: The physiology and pathology of the spleen. J. of Physiol. **3** (1880).
Rubow: Die kardiale Dyspnoe. Erg. inn. Med. **3** (1909). Literatur.
Rusznyàk und Gönczy: Die unblutige Bestimmung des Blutdruckes in der Aorta. Klin. Wschr. **1924**.

Sahli: Herzmittel und Vasomotorenmittel. Verh. 19. Kongr. inn. Med. **1901**.
— Lehrbuch der klinischen Untersuchungsmethoden Bd. 1, 2. 5. u. 6. Aufl. Leipzig u. Wien: Franz Deuticke 1909 u. 1920.
— Über die Messung des arteriellen Blutdruckes beim Menschen. Erg. inn. Med. **24** (1923). Literatur.
— Zur Kritik des arteriellen Minimaldruckes und der Kreislauflehre. Wien. Arch. inn. Med. **4** (1922).
— Die Sphygmobolometrie oder dynamische Pulsuntersuchung. Kraus-Brugschs Spezielle Pathologie und Therapie. Bd. 4, 2. Teil. 1925; dasselbe in Abderhaldens Handbuch der biologischen Arbeitsmethoden Abt. IV, Teil V, Lief. 212.
San Martin y Satrustegui: Anastomosis arteriovenosas. Real. Acad. Med. Madrid 1902 (zit. nach Coenen und Wiewiorowski).
Schabad: Über die Blutfüllung der Aorta und der Arterien an der Leiche. Virchows Arch. **264** (1927).
Schade, Claussen und Birner: Die Onkodynamik der Capillaren und ihre Anwendung auf klinische Fragen. Z. klin. Med. **108** (1928).
Schäfer und Moore: On the contractility an innervation of the spleen. J. of Physiol. **20** (1896).
Scheunert und Kržywanek: Die Milz als Blutkörperchenreservoir. Z. Tierzüchtg **9**. (1927).
— Über die Beziehungen der Milz zu den Schwankungen der Menge der roten Blutkörperchen. Pflügers Arch. **215** (1926).
— Weiteres über die Milz als Blutkörperchenreservoir. Pflügers Arch. **217** (1927).
— und Müller: Einfluß von Bewegung und sportlicher Höchstleistung auf die Blutbeschaffenheit des Pferdes. Pflügers Arch. **212** (1926).
Schickler und Mayer-List: Über Eigenbewegungen des peripherischsten Gefäßabschnittes. Dtsch. med. Wschr. **1923**.
Schiele-Wiegandt: Über Wanddicke und Umfang der Arterien des menschlichen Körpers. Virchows Arch. **82** (1870).
Schiff: Ein akzessorisches Arterienherz bei Kaninchen. Arch. f. Physiol. u. Heilk. **1854**.
— Untersuchungen zur Physiologie des Nervensystems bei Berücksichtigung der Pathologie. I. Frankfurt a. M: Kütten 1855.
Schoen-v. Wildenegg: Blut und Gravitation. Zur Rhythmik des Blutkreislaufes. Berlin: Fischer-Kornfeld 1928.
Schorr: Über den Tod des Menschen (Einführung in die Thanatologie) (russ.). Leningrad: Kubuč 1925.
— Die Thanatologie in ihrer Bedeutung für die Person. Brugsch-Levys Biologie der Person. Bd. 2. 1927.
— Die Forderungen der Thanatologie an die moderne Leichenuntersuchungsmethodik. Virchows Arch. **264** (1927).
Schott und Spatz: Beobachtungen am Kreislauf im Kniehang, insbesondere über das Verhalten des arteriellen Druckes in Armen und Beinen in dieser Körperlage usw. Münch. med. Wschr. **1924**.
Schrumpf und Zabel: Über die auskultatorische Blutdruckmessung. Münch. med. Wschr. **1909**.
Schultén: Untersuchungen über den Hirndruck mit besonderer Rücksicht auf seine Einwirkung auf die Zirkulationsverhältnisse des Auges. Arch. klin. Chir. **32** (1885).
Schwarz, N.: Über die Kraft der peristaltischen arteriellen Welle in Fingerarterien (russ.). Inaug.-Diss. Leningrad 1924.
— Versuch einer Isolation des peripheren arteriellen Herzens beim Menschen. Vrač. Delo (russ.) **1924**.
— Über die Prüfung der Funktionsfähigkeit der Gefäße. Vrač. Delo (russ.) **1925**.
— Zur Frage des Kreislaufmechanismus (russ.). Z. ärztl. Fortbildg. **1927**.
— Zur Frage des „peripheren Herzens". (Bemerkungen zu der Arbeit von Doz. Arjeff u. Frenckell.) Leningrad. med. Ž. (russ.). **1928**.
— und Babina: Die Blutgeschwindigkeit als Funktionsmaß der Kreislauforgane. Kazan. med. Ž. **1925** (russ.).

Schwarz, N. und Baranoff: Zur Frage über den Einfluß der Heliotherapie auf das zentrale und periphere Herz. Physiotherapia 1 (1926) (russ. nebst einer deutschen Zusammenfassung).

Sčukareff und Zawodskoy: Über die Veränderungen des peripheren arteriellen Druckes bei der Kompression des Oberschenkels und der Femoralgefäße. Z. exper. Med. **63** (1928).

Sénac: Traité de la structure du coeur de son action et de ses maladies. Paris 1774 (zit. nach Grützner).

Sepp: Die Dynamik der Blutzirkulation im Gehirn. Berlin: Julius Springer 1928.

Severini: La contrattilità dei vasi capillari in relatione ai due gas dello scambio materiale. Perugia 1881 (zit. nach Steinach und Kahn).

v. Skramlik: Die Milz mit besonderer Berücksichtigung des vergleichenden Standpunktes. Erg. Biol. **2** (1927). Literatur.

Snapper: Die Kreislaufstörungen; allgemeine Pathologie und Therapie. v. d. Veldens und Wolffs Handbuch der praktischen Therapie, als Ergebnis experimenteller Forschung. (Russische Ausgabe.) Leningrad 1927.

Soloweitschik: Inaug.-Diss. Petrograd 1917 (zit. nach S. Anitschkow) (russ.).

Spalteholz: Die Arterien der Herzwand. Leipzig: S. Hirzel 1924.

v. d. Spek: Klinische Untersuchungen über die Funktion von Hautcapillaren. Dtsch. Arch. f. klin. Med. **141** (1923).

Spengler: Symbolae ad Theoriam de sanguinis fluminae. Marburgi 1843 (zit. nach Tigerstedt).

Staehelin und Al. Müller: Experimentelles zur Hydromechanik und Hämodynamik. I. Z. exper. Med. **39** (1924).

— — Dasselbe. II. Z. exper. Med. **39** (1924).

— — Dasselbe. III. Z. exper. Med. **41** (1924).

— — Dasselbe. IV. Z. exper. Med. **46** (1925).

— und F. Müller: Unveröffentlichte Versuche (1910—1911) (zit. nach Staehelin und Al. Müller).

Steinach und Kahn: Echte Contractilität und motorische Innervation der Blutcapillaren. Pflügers Arch. **79** (1903). Ältere Literatur.

Stigler: Zwei Modelle zur Demonstration des Einflusses der Schwere auf die Blutverteilung. Pflügers Arch. **171** (1918).

— Kreislaufmodelle. Abderhaldens Handbuch der biologischen Arbeitsmethoden. Abt. IV, Teil V, Lief. 142.

— Hämostatische Untersuchungen. Abderhaldens Handbuch der biologischen Arbeitsmethoden. Abt. IV, Teil V, Lief. 142.

Stolnikow: Die Stelle der Vv. hepaticarum im Leber- und gesamten Kreislaufe. Pflügers Arch. **28** (1882).

Straßburger: Über den Anteil der Blutgefäße an der Bewegung des Blutes. Münch. med. Wschr. **1910**.

Straßer und Wolf: Über die Blutversorgung der Milz. Pflügers Arch. **108** (1905).

Straub, H.: Zur Muskelphysiologie des Regenwurms. I. Pflügers Arch. **79** (1900).

— Ein wahrscheinlicher Nachweis von Aktionsströmen der Gefäße durch das Saitengalvanometer. Z. Biol. **53** (1910).

— Bestimmung des Blutdruckes (direkte und indirekte Methoden). Abderhaldens Handbuch der biologischen Arbeitsmethoden. 5. Abt., Teil 4, 1. Hälfte. Literatur.

Strauß und Fleischer: Über die klinische Bedeutung des turgosphygmographischen Pulsbildes. Berl. klin. Wschr. **1908**.

Straschesko: Angina pectoris und Asthma cardiale, deren Wesen, Ähnlichkeit und Unterschied. Ter. Arch. **3** (1925) (russ.) (nebst einer deutschen Zusammenfassung).

Stricker: Studien über den Bau und das Leben der capillaren Blutgefäße. Sitzgsber. Wien. Akad. Wiss., Math.-naturwiss. Kl. II **51** u. **52** (1865) (zit. nach Steinach und Kahn).

Stubel: Studien zur vergleichenden Physiologie der peristaltischen Bewegungen. IV. Die Peristaltik der Blutgefäße des Regenwurmes. Pflügers Arch. **129** (1909).

Stuber und Proebsting: Über den Einfluß des Gefäßtonus bzw. des Gefäßspannungszustandes auf die Wirkungsweise der Gefäßmittel usw. Z. exper. Med. **41** (1924).

Tangl und Zuntz: Über die Einwirkung der Muskelarbeit auf den Blutdruck. Pflügers Arch. **70** (1898).
Tannenberg und Fischer-Wasels: Die lokalen Kreislaufstörungen. Bethe-Embdens Handbuch der normalen und pathologischen Physiologie. Bd. 7, Teil 2. Berlin: Julius Springer 1927.
Tarchanoff: Beobachtungen über contractile Elemente in den Blut- und Lymphcapillaren. Pflügers Arch. **9** (1874).
Téissier: Sur quelques points de l'histoire anatomo-clinique de l'aortite abdominale et plus particulièrement sur la valeur seméiotique du „signe de la pédieuse". Paris méd. **1913**.
Teschendorf: Die Röntgenuntersuchung der Speiseröhre. Erg. med. Strahlenforschg **3** (1928).
Thaller und v. Draga: Die Bewegungen der Hautcapillaren. Wien. klin. Wschr. **1917**.
Tigerstedt, C.: Vermutliche Aktionsströme bei den Arterien. Skand. Arch. Physiol. (Berl. u. Lpz.) **28** (1913).
— R., Lehrbuch der Physiologie des Menschen. Russische Ausgabe (I. P. Pawlow) Bd. 1. St. Petersburg 1901.
— R., Physiologie des Kreislaufes. 2. Aufl. Bd. 3—4. Berlin und Leipzig: Walter de Gruyter 1923.
Tiprez: Le syndrome mécanique de l'hypotension portale. Paris: J. B. Baillière 1926.
Titajew: Mitteilungen zur Physiologie der Blutgefäße. Pflügers Arch. **221** (1929).
Tixier: Les variations normales et anormales de la tension arterielle humèrale au cours de mensurations prolongées (methode auscultataire). Arch. Mal. Cœur **1919**.
Tornai: Beiträge zur Funktionsprüfung des Herzens. Z. klin. Med. **70** (1910).
Trendelenburg, F.: Über die Unterbindung der Vena Saphena magna bei Unterschenkelvarizen. Beitr. klin. Chir. **7** (1890).
Tscherwiakowsky: Über die Rolle der peristaltischen Welle bei Blutversorgung der Organe. Ter. Arch. **3** (1925) (russ.) (nebst einer deutschen Zusammenfassung).
Turkija: Klinische Beobachtungen über den Einfluß des Amylnitrites und Nitroglycerins auf den Blutkreislauf. Inaug.-Diss. St. Petersburg 1910 (russ.).
v. Uexküll: Die ersten Ursachen des Rhythmus in der Tierreihe. Erg. Physiol. II **3** (1904). Literatur.
Ugreninowa: Über den Einfluß des Adrenalins auf die Funktionsfähigkeit der Gefäßmuskulatur. Klin. Med. (russ.) **1928**.
Uskoff: Vergleichende Schätzung einiger Blutdruckmeßapparate usw. Wratsch (russ.) **1901**.
— Klinische Beobachtungen über die Behandlung der Herzkrankheiten. II. Wiss. Ber. Univ. Kazan (russ.) **69** (1902).
Ussiewitsch: Zur Frage über den Einfluß der Veränderungen der Körperstellung im Zusammenhange mit Unterbindung der Arterien auf den Blutdruck in den Venenstämmen. Arbeiten aus der Klinik von Prof. Oppel. (russ.). Bd. 5. 1913.
Vimtrup: Z. Anat. **65—68** (zit. nach Krogh).
Volhard: Der arterielle Hochdruck. Verh. dtsch. Ges. inn. Med. (Kongreß **1923**).
Volkmann: Die Hämodynamik. Leipzig: Breitkopf u. Härtel 1850.
de Vries Reilingh: Zur Blutdruckmessung. Z. klin. Med. **77** (1913).
— Die Bestimmung des Widerstandes der Arterienwand als klinische Untersuchungsmethode. Z. klin. Med. **83** (1916).
Wachholder: Haben die rhythmischen Spontankontraktionen der Gefäße einen nachweisbaren Einfluß auf den Blutstrom? Pflügers Arch. **190** (1921).
Waldmann: Gefäßtonus und peripherer Kreislauf (russ.). Leningrad: Verlag „Prakt. Med." 1928. Literatur.
— Gibt es Blutdruckerhöhungen unterhalb der Arterienstenose? Ter. Arch. **6** (1928) (russ.) (nebst einer deutschen Zusammenfassung).
— und Abdulajew: Zur plethysmographischen Bestimmung der Stromgeschwindigkeit des Blutes in Beziehung auf die Theorie des peripheren Herzens. Ter. Arch. **6** (1928) (russ. nebst einer deutschen Zusammenfassung).
Warschamoff: Zur Frage über das periphere arterielle Herz. Vrač. Delo (russ.) **1924**.
Warypaen: Über die Veränderungen des Blutdruckes bei passiver Hyperämie usw. (russ.). Ber. mil.-med. Akad. **18** (1909).

Weber: Arch. physiol. Heilk. **1855**.
— Vergleichung des Druckes in Arterien mit demselben Monometer. Zbl. Physiol. **20** (1907).
— 36. Kongr. dtsch. Ges. inn. Med. **1924**.
Weiß: Über Spontankontraktionen überlebender Arterien. II. Pflügers Arch. **181** (1920).
Weitz: Hämodynamische Fragen. Klin. Wschr. **1922**.
Welch: Zur Pathogenese des Lungenödems. Virchows Arch. **72** (1878).
Wharton Jones: Discovery that the veins of the Bats' wing are enlowed with rhythmical contractility etc. Philosophic. Trans. **1852**.
— Guy's Hosp. Rep. **1851** (zit. nach Tigerstedt).
— Microscopical charakters of the rhythmically contractile muscular coat of the veins of the web of the bat's wing. Proc. roy. Soc. **16** (1868) (zit. nach Heß).
Wieting: Die angiosklerotische Gangrän und ihre operative Behandlung durch arteriovenöse Intubation. Dtsch. med. Wschr. **1908**.
— Die angiosklerotische Gangrän und ihre operative Behandlung durch Überleiten des arteriellen Blutstromes in das Venensystem. Dtsch. Z. Chir. **110**.
Williamson: Comparative systolic blood-pressure readings in the arm and leg in aortic incompetence. Brit. med. J. **1921**.
Winkler: Ein Beitrag zur Physiologie der glatten Muskeln. Pflügers Arch. **71** (1898).
Wirssaladze: Zur Frage von der frühzeitigen Dickwandigkeit der peripherischen Arterien und vom Verhältnis derselben zur sog. aortalen Hypoplasie. Inaug.-Diss. St. Petersburg 1910 (russ.).
Woizechowsky: Über den Blutdruck bei Nierenkranken usw. (russ.). Ber. mil.-med. Akad. **19** (1909).
Wolff: Charakteristik des Arterienpulses. Leipzig 1865 (zit. nach Knoll).
Wolkow: Klinische Studien. Lief. I. St. Petersburg 1904 (russ.).
— Arterienrigidität und Aortenenge. Verh. 27. dtsch. Kongr. inn. Med. Wiesbaden **1910**.
Woskressensky: Beobachtungen über die unmittelbare Wirkung der Sonnenbäder auf den Blutdruck. Vrač. Delo (russ.) **1925**.
Zakussow: Über die Wirkung der Gifte auf die Gefäße der isolierten Niere (russ.). Inaug.-Diss. St. Petersburg 1904.
Zawodskoy: Zur Frage über die Kreislaufstörungen bei Fleckfieber. Klin. Med. (russ.) **1921**.
— Über den dikroten Puls usw. Nautschnaja Med. **1922**.
— Über die Analyse des Sphygmogramms mittels Belastung. Klin. Med. (russ.) **1926**.
— Einige Angaben zur Frage nach der Entstehung des Kollapses bei bacillärer Dysenterie. Vrač. Delo (russ.) **1927**.
— Einige Veränderungen in der Form der Pulskurve als Symptom der Gefäßinsuffizienz. Z. exper. Med. **61** (1928).
— Zur Frage nach der Entstehung tiefer Kreislaufstörungen bei einigen Infektionen. Vortrag in der Leningrader Internistengesellschaft, 3. Nov. 1928.
— Die Form der Pulswelle bei Histamin- und Dysenteriekollaps. Vortr. russ. physiol. Ges., 9. Mai 1929.
Zondek: Medikamentöse Herztherapie. Kraus-Brugsch: Spezielle Pathologie und Therapie innerer Krankheiten. Bd. 4, 1. Hälfte. 1925.
Zypljaeff: Über die Digitaliswirkung auf den arteriellen, venösen und capillären Blutdruck usw. Inaug.-Diss. St. Petersburg 1903 (russ.).

I. Einleitung und Fragestellung.

„Die Arterien erweitern sich dank ihrer Füllung wie Weinsäcke und nicht wie Blasebälge, welche sich füllen dank ihrer Erweiterung“, durch diese vor 300 Jahren niedergelegten Ausdrücke hatte William Harvey den Gefäßen eine absolute Passivität in bezug auf die sie durchlaufende Blutwelle zugeschrieben, um somit mit allen bislang herrschenden Vorstellungen in Widerspruch zu kommen.

Die Entdeckungen Harveys auf dem Gebiete des Blutkreislaufes waren so groß, die ihnen zugrunde gelegten Beobachtungen so erschöpfend und die dabei gezogenen Schlüsse so genial, daß die von ihm aufgestellten Tatsachen auch jetzt noch fast ohne Ausnahme feststehen, die Berichtigungen aber, welche während des großen Zeitabschnittes hinzukamen, hauptsächlich Einzelheiten betreffen und die grundsätzlichen prinzipiellen, von Harvey aufgestellten Begriffe kaum zu ändern vermögen.

Folgende Hauptprinzipien wurden von Harvey aufgestellt:

1. Die Gefäße enthalten Blut, nicht aber Luft (die Bezeichnung „arteria" erscheint somit als fehlerhaft)[1], 2. die Blutbewegung erfolgt nach einem geschlossenen Kreise, 3. das Herz dient zur Blutbewegung und 4. die Gefäße dienen zur Blutleitung.

Viel später wurden diese Grundlagen von Henle und in der jüngsten Zeit nochmals von Krogh in dem Sinne zusammengefaßt, daß von dem Herzen die Blutbewegung, von den Gefäßen die Blutverteilung abhängig ist.

Die moderne Wissenschaft verfügt über keine einzige Tatsache, welche die ersten 3 Hauptpunkte der Harveyschen Lehre widerlegen, oder auch nur dem geringsten Zweifel aussetzen könnte; der vierte Punkt dagegen wurde besonders während letzterer Zeit zum Gegenstand derjenigen Streitigkeiten und manchmal zu energischen Meinungsäußerungen, deren teilweise Ausführung nun zu meiner Aufgabe wird.

Die Sache ist nämlich die, daß schon seit langer Zeit manche Fragen auftauchten, welche vom Standpunkt der vollständigen Pulsationspassivität der Gefäße nicht zu beantworten schienen; zudem sammelten sich Tatsachen an, die gerade vom Standpunkte entgegengesetzter Vorstellungen am besten hätten erklärt werden können. So wurde eine rhythmische Pulsation der Flughautvenen bei Fledermäusen bemerkt (Wharton Jones), welcher Umstand mit der rhythmischen und gleichfalls deutlich und täglich sichtbaren Nabelschnurpulsation in bestem Einklang zu stehen schien (Grützner). Mit der Verbesserung der mikroskopischen Technik wurde die Aufmerksamkeit darauf gelenkt, daß je weiter eine Arterie vom Herzen entfernt ist, desto relativ stärker ihre Wanddicke und deren Muscularis erscheinen (Schiele-Wiegandt).

Schließlich wurde von mancher Seite (Senàc, Hasebroek u. a.) hervorgehoben, daß vom Standpunkt Harvey-Henles die Dynamik der Blutdurchfließung durch doppelte Capillarnetzgebiete (Nieren-, Portalblutkreislauf) schwer zu erklären wäre, so auch die augenscheinlich damit verknüpfte größere Muskelmenge der Pfortaderwandungen. Von den Anhängern der Anwendung von mathematischen Methoden bei Besprechung rein physiologischer Tatsachen wurden Zahlen angeführt, laut welchen das Herz nicht imstande sei, diejenige große Arbeit zu leisten, die ihm zugeschrieben wird. Es wurde ferner auf solche Fälle hingewiesen, wo der Tod bei Erscheinungen sicherer Kreislaufinsuffizienz erfolgte, das Herz selbst aber bei der Autopsie intakt gefunden wurde (M. Janowsky); analoge, aber invers gestellte Fragen wurden durch das Syndrom der Hochdruckstauung erweckt. Vom Standpunkte dieser und einer Reihe anderer noch später zu erläuternden Tatsachen blieb die alte Formel: „Herz = Pumpe, Gefäße = Bahn" nicht mehr universell. Es entstand die Notwendigkeit, sei es zu einer

[1] Die Priorität dieser Entdeckung gehört Galen, von Harvey wurde sie nur bestätigt.

Verbesserung, sei es zu einer Erläuterung dieses Gesetzes: eine solche Erläuterung suchte man in einem „Gehilfen" für das Herz (Legros), was schließlich zum Begriff der extrakardialen Förderung des Blutstromes geführt hat. Dieser komplexe Begriff besteht aber aus 2 gänzlich verschiedenen Teilen — er enthält einmal die Vorstellung von den „Hilfsmotoren" (Schorr), deren Rolle zur Zeit wohl niemand bezweifelt; zweitens kommt dazu noch die Vorstellung von einer selbständigen rhythmischen Tätigkeit der Arterien, der Capillaren und sogar der Venen (Rosenbach, Hasebroek); dieselbe soll analog der Herzsystole-Diastole den Blutstrom aktiv fördern, i. e. propulsiv wirken.

Diese letzte Voraussetzung bekam den wenig glücklichen Namen des „peripheren Herzens", wobei die besonders energischen Anhänger einer solchen Logik (N. Schwarz) gerade dieses „periphere Herz" für die Blutbewegung verantwortlich machen wollen, dem zentralen Herzen aber nach dieser Meinung nur noch die Rolle eines Blutspenders zukommen könne [1].

II. Die Genese der neuen Kreislauftheorie.

Die Frage der aktiven Förderung des Blutstromes durch die Gefäße ist sehr alt; schon die Vorstellungen des grauen Altertums, welche später von Galen nochmals resumiert wurden, hielten solche Möglichkeit für sicher. Galen meinte, daß die Gefäße beim Erweitern das Blut aufsammeln und durch aktive Kontraktion dasselbe vorwärts treiben, wobei die Kraft, welche diese Arbeit leistet, nach Galen vom Herzen ausgeht und längs der Gefäßwand sich verbreitet. Galen nannte diese Kraft „vis pulsifica". Experimentell wurde die „vis pulsifica" von Galen folgendermaßen bewiesen: Legt man innerhalb einer Arterie ein hohles Schilf- oder Bronzeröhrchen und verbindet die Arterie fest um dasselbe, so hört die Pulsation des „jenseits" (distal) gelegenen Abschnittes der Arterie auf, sobald der Faden um das Röhrchen stark angezogen wird.

Diese Auseinandersetzungen Galens wurden von Harvey bestritten, wobei der letzte allerdings sich nur darauf stützte, daß bei der energischen Tätigkeit, mit welcher die Blutzirkulation vor sich geht, derartige Versuche keine Beweiskraft beanspruchen können. Dieser Einwurf ist natürlich ziemlich schwach; allein das Fehlen besonderer und aufmerksamerer Schätzung der Tatsache, welcher ein so großer Forscher wie Galen solche wichtige Bedeutung zugab, schien mir immer um so wunderbarer, als wir ja beim Experimentieren mit den T-förmigen Kanülen alltäglich die Möglichkeit haben, uns darin zu überzeugen, daß die Pulsation der Gefäße peripherwärts vom Durchschneidungsorte immer beibehalten ist. Ich fand eine Erklärung der Meinungen Galens darin, daß er in den Dämmerungen der Vergangenheit arbeitete, wo es weder Paraffin, noch Hirudin gab und man deswegen mit der Möglichkeit einer unvermeidlichen Thrombosierung des Röhrchens zu rechnen hatte. Eine solche Erklärung schien aber mir zu einfach, um mich in diesem Sinne in physiologischen Kreisen zu äußern, um so mehr, als Galen die Blutgerinnung sicher kannte. Als die vorliegende Übersicht in großen Zügen bereits skizziert war, wurde mir eine ältere Arbeit von Flourens (1842) bekannt, welcher sich speziell mit dieser Frage befaßte und mit verschiedenen Kautelen auf Widdern nachprüfte, ob Galen etwa nicht mit Thromben zu tun gehabt hatte; Flourens kam zu denselben Schlüssen, die ich bereits ausgesprochen habe und die somit für mich jetzt völlig sicher sind. Die zweite von Harvey gemachte Erwiderung bestand darin, daß beim Durchschneiden der pulsierenden Arterie ein kräftigeres Blutstrahlschlagen dem Moment der Gefäßerweiterung entspricht, und umgekehrt. Im Einklang mit dieser Tatsache hat Landois viele Jahre später gefunden, daß aus dem durchschnittenen Arterienrohr in einer Zeiteinheit während der Arteriendehnung etwas

[1] Im folgenden werde ich Bequemlichkeit halber den Ausdruck „alte Theorie" zur Benennung derjenigen Theorie benutzen, welche das „periphere Herz" nicht anerkennt, und den Ausdruck „neue Theorie" der des „peripheren Herzens" gleichsetzen.

mehr als doppelt so viel Blut ausfließt als während der Verengung. Bei Anwesenheit eines „peripheren Herzens“ müßte es gerade umgekehrt der Fall sein.

Die Formulierung, welche heutzutage die Anhänger des „peripheren Herzens“ der Rolle der Gefäße zu geben pflegen, wurde, soviel ich weiß, erst von Sénac, der die Arterien als „echtes Herz nur in anderer Form“ auffaßte, 1774 gegeben. Ihre Kraft sollte derjenigen des Herzens sogar überlegen sein; allein es wurde von Sénac zum Beweise seiner These nur darauf hingewiesen, daß die Fische ein unverhältnismäßig kleines Herz haben. Dem kann aber die sichere Tatsache gegenübergestellt werden, daß die Vögel ein enorm großes Herz besitzen (es erreicht bei einigen Gattungen 54,64‰ des Körpergewichtes gegenüber 6‰ beim Menschen; vgl. Parrot, Löer); doch haben wir niemals von den Anhängern der neuen Kreislauftheorie etwas darüber hören können, daß bei den Vögeln keine Blutförderung durch die Gefäße besteht. Außerdem sei noch bemerkt, daß bei der Fledermaus, welche eine einzige Ausnahme darstellt und — wie wir im weiteren sehen werden — wirklich blutfördernde Venen besitzt, nach Bergmann das relative Herzgewicht zweimal dasjenige des Menschen übertrifft. Wir sehen somit, daß aus der Herzgröße kaum irgendwelche Schlüsse über die blutfördernde Arbeit der Gefäße zu ziehen sind.

Sénacs Auseinandersetzungen erscheinen somit kaum genügend; allein seine Anschauungen wurden auch von Bichat angenommen, dessen Vergleiche jedoch noch weniger beweiskräftig sind; er schrieb nämlich: „Que diriez vous, si pour expliquer les mouvements des planèts, des fleuves on se servait de l'irritabilité? Vous ririez: riez donc aussi de ceux qui pour expliquer les fonctions animales emploient la gravité, l'impulsion, l'inéegale capacité des conduits etc.“ Solche Beweise haben der exakten Physiologie nie imponieren können, und Marey schrieb bereits 1881, daß jetzt wohl kaum ein einziger Forscher die physiologische Doktrin Bichats anerkennen würde. Marey hatte recht in seinen Auffassungen; um so mehr hat er sich in seiner Prophezeiung getäuscht.

Von großer Bedeutung für unser Thema war die Entdeckung durch Wharton Jones der Pulsation der Flughautvenen bei Fledermäusen; diese Erscheinung wurde später von Schiff, Luchsinger, Karfunkel und in jüngster Zeit von Heß eingehend studiert, wobei es sich herausstellte, daß das von Jones beschriebene Phänomen — obwohl es auch eine einzige Ausnahme darstellt — als ein Beispiel aktiver Förderung des Blutstromes durch die Gefäße aufgefaßt werden muß (näheres darüber s. Abschnitt V).

Demgegenüber hat die überall zitierte Beobachtung Schiffs über das „akzessorische Herz beim Kaninchen“ mit einer aktiven Blutförderung im Sinne eines „Herzens“ nichts zu tun und gehört zu der „blutstrommassierenden“ (Krawkow) Äußerung der Tonusschwankungen (spez. s. Abschn. VII).

Es wurden nicht selten Versuche gemacht, auf Grund phylogenetischer Zusammenstellungen, welche bis in die Vakuolen der Protozoen reichten, den menschlichen Gefäßen eine propulsive Tätigkeit aufzubürden. Als höchst nützlich zur Dämpfung dieses Einnehmens erschien die Arbeit Stubels, durch welche der Umstand zum Vorschein gebracht wurde, daß auch bei niedrigeren Tieren die Blutbewegungs- und die Blutverteilungsfunktionen differenziert sind: Von den beiden Blutgefäßen des Regenwurms ist nur das mit massiver Muskulatur versehene Rückengefäß ein peristaltisch (vom Schwanz- zum Kopfende) blutfördernder Motor; demgegenüber sah Stubel keine Bewegung des Blutes im Bauch und im Subneuralgefäß. Die fälschlich als „Herzen“ genannten Nebenbildungen des Dorsalgefäßes sind untergeordnete Vorrichtungen und kontrahieren sich erst dann, wenn die peristaltische Welle das ganze Dorsalgefäß durchlaufen hat (vgl. Stubel). Nicht unerwähnt sei noch die Tatsache gelassen, daß die Bewegungsrichtung dieser Peristaltik bei gewissen Bedingungen umgekehrt sein kann. Auch Carlson, welcher an Arenicola arbeitete, erwähnt, daß, obwohl die Peristaltik in einer bestimmten Richtung läuft, sie sich doch umkehren läßt. Ich lenke die Aufmerksamkeit auf diese zwei Arbeiten daher, weil die Blutzirkulation der Würmer von den Anhängern der neuen Theorie (Grützner, Janowsky, N. Schwarz) öfters als Beispiel der aktiven Blutbewegung durch die Gefäße nur deshalb angeführt wird, weil das wahre Herz des Wurmes (das Dorsalgefäß) die Form eines Rohres hat. Der Kreislaufprozeß des Wurmes hat für die Theorie des „peripheren Herzens“ aus eben auseinandergesetzten Gründen eine widerlegende, aber keine bestätigende Bedeutung.

Rosenbach, Grützner und Hasebroek haben dasjenige Triumvirat gebildet, dank welchem die neue Kreislauftheorie in Deutschland am stärksten in den Vordergrund gerückt wurde. Die Anschauungen Rosenbachs auf die blutfördernden Kräfte waren sehr umständlich, seine Zusammenstellungen allumfassend. Er behandelte den Kreislauf als „ein kompliziertes System, in dem viele Triebkräfte, Kraftformen resp. Substrate kinetischer Energie und Spannungen (Massenformationen) harmonisch ineinandergreifen und mit den bewegenden und spannenden Kräften der Außenwelt in unlösbarer Verbindung stehen." Es ist aber doch zu sagen, daß Rosenbach eine unmäßig große Bedeutung den peripheren Ansaugungskräften („Diastole und Systole der Organe") zusprach — ein Gesichtspunkt, der später von Bier unterstützt und entwickelt wurde, von dem aber Fleisch ganz richtig meint, daß heutzutage kein Zweifel darüber sein kann, daß die Aspirationshypothese vollständig abgelehnt werden muß. Es ist aber zu gestehen, daß die richtigen, aber eine Zeitlang ganz vergessenen Vorstellungen Rosenbachs über die Protoplasmadynamik, als von einem blutbewegenden Faktor, heutzutage in den Arbeiten Eppingers und seiner Schüler wieder zutage treten. Rosenbach war der erste, der in Hinsicht der Gefäße die Bedeutung der „peristaltischen Welle" hervorhob. Er hat nämlich darauf hingewiesen, daß die normale Tätigkeit (die systolische und diastolische Bewegung) der Muskulatur eines Hohlorgans keine bloße Volumveränderung ist: „Systole und Diastole sind peristaltische Bewegungen." Dies gilt nach Rosenbach auch für das Gefäßsystem. Die Auffassungen Rosenbachs, welche bis zu einem gewissen Grade doch von Vitalismus und Theleologieresten durchtränkt waren, haben für die Arbeit späterer Forscher eine große Rolle gespielt; sie beruhten jedoch eher auf der großen Überlegungskraft Rosenbachs, als auf einem tatsächlich erhaltenen Materiale. Das gleiche muß auch von Grützner gesagt werden. In seinen sämtlichen Publikationen über diese Frage treffen wir nur einen Hinweis auf faßbare Tatsachen; es sind nämlich seine bekannten Durchströmungsversuche an der Nabelschnur, welche noch im VI. Abschnitte besonders besprochen werden.

Nun gelangen wir an Hasebroek. Es ist immer sehr schwer, sich in dem Sinne äußern zu wagen, daß die peinlichsten Arbeiten eines Forschers, welche einer gewissen Frage jahrelang gewidmet waren, dieselbe nicht zur befriedigenden Lösung bringen konnten. Hier ist es aber gerade so geschehen. Man muß vollständig mit Tigerstedt übereinstimmen, daß Hasebroeks Modellversuche, wie schön sie auch sein mögen, immer nur Modellversuche bleiben werden[1]. Ich werde im weiteren noch Gelegenheit haben, mich in dem Sinne zu äußern, daß die grobe Mechanik allein in der Blutzirkulation weder alles zu leisten, noch vieles zu erklären imstande ist und daß dazu noch etwas anderes zukommt (ich nenne nur die „Selbststeuerung" Rosenbachs). Den Gummischläuchen fehlt aber gerade dieses „anderes"! Hasebroeks Ergebnisse wurden weder bestätigt, noch widerlegt: sie wurden einfach von niemand nachgeprüft, denn es ist leicht begreiflich, daß das, was an einem Modell einem gelungen ist, auch sicher einem anderen gelingt. Somit hat die ganze Tätigkeit Hasebroeks die aktive Förderung des Blutstromes durch die Gefäße nur propagandiert; zur Lösung der Frage selbst hatte sie aber wenig Nutzen gebracht. Ein Physiologe wird immer bedauern müssen, daß die Energie sicher geschickter Hände dieses sinnreichen Mannes nicht am Tierexperimente ihre Anwendung fand.

Es herrschte eine Zeit, wo die festen Stützen der alten Kreislauftheorie zu schwanken schienen — es war, als Hürthle und C. Tigerstedt über die bei der rhythmischen Durchströmung überlebender Arterien entstehenden „Aktionsströme" berichteten. Eine von so namhaftem Physiologen stammende Mitteilung über die Anwesenheit von Strömen, welche ausschließlich infolge aktiver Arbeit entstehen konnten (vgl. auch Straub, Bittorf), erschien als ein mächtiger Beweis für das „periphere Herz". Allein in weiteren Versuchen auf dasselbe Thema erklärte Hürthle, daß diese „Aktionsströme" auch von abgetöteten Arterien erhalten werden können. Die Meinung Janowskys, daß die Gefäße, auf denen Hürthle arbeitete, nicht „genug tot" waren, ist meiner Meinung nach nicht stichhaltig, einmal, weil es eben Hürthle war, und zweitens, da diese Ströme später auch an Glasröhren erzeugt wurden (Blumenfeldt). Vermutlich sind diese Erscheinungen zu elektroosmotischen Prozessen zu rechnen (vgl. Liesegang). Auf Grund dessen gab Hürthle seine Voraussetzung über die aktiven Arteriensysteln auf und blieb somit im Lager der alten Theorie. Die Macht des Namens Hürthle war aber so groß, daß auch jetzt noch die Anhänger des „peripheren Herzens" seine alten Arbeiten erwähnen, ohne aber seine späteren Erfolge anführen zu wollen.

[1] Vgl. hierzu auch Rosenbach, ferner Stigler.

Eine besonders ansehnliche Stelle in der Lehre über das „periphere Herz" gehört sicher dem unlängst verstorbenen Akademiker M. Janowsky. Dieser russische Forscher war der Vertreter eines sozusagen raffinierten Peripherismus, indem er die obenerwähnten Anschauungen deutscher Autoren völlig annahm, erweiterte und außerdem ihre Grundlagen vertiefte — jedoch durch noch größere Übertreibung.

Die Hauptbesonderheit der Arbeiten Janowskys und seiner Schüler besteht in der Methode, mittels welcher sie die Frage über das „periphere Herz" zu lösen versuchten. Wenn Rosenbach und Hasebroek eine Reihe klinischer Tatsachen unter dem Gesichtspunkt der neuen Theorie betrachteten, so waren alle die dabei gezogenen Schlüsse meistenteils doch nur spekulativ; im Gegenteil wandte Janowsky larga manu am Krankenbette die Theorie des „peripheren Herzens" zur Analyse der mannigfaltigen Kreislaufstörungen an und bekam eine ganze Reihe — später allerdings anders erklärter, sogar durch das Experiment diskreditierter — jedoch faßbarer Tatsachen. Indem somit Janowsky und seine Schüler einen neuen Standpunkt in den Kreis klinischer Beobachtungen einführten, haben sie dadurch die Theorie des „peripheren Herzens" ungemein popularisiert, und darin besteht ihre große Bedeutung. Aber indem zum Studium dieser Frage eine große Anzahl Forscher herangezogen wurde, stellte es sich heraus, daß Janowsky ganz ungeahnt über ein solches Material verfügte, welches jedoch, wie wir später sehen werden, ausgezeichnet im Rahmen der alten Kreislauftheorie Platz findet; da aber Janowsky gerade dieses große Material als Basis der neuen Theorie verwendete und einige Seiten derselben somit bis zum logischen Absurdum gebracht hatte, so diente es in gewissen Beziehungen zum Diskreditieren der Theorie des „peripheren Herzens", und darin besteht das größte Verdienst Janowskys vor der Wissenschaft.

Ich werde es mir erlauben, Janowskys Thesen besonders ausführlich wiederzugeben, da dieselben alles zusammenfassen, was je zugunsten des „peripheren Herzens" ausgesprochen wurde und sozusagen den Gipfel der neuen Kreislauftheorie darstellen. Sie lassen sich etwa folgendermaßen zusammenfassen: Die Gefäßmuskulatur dient zum aktiven Fördern des Blutstroms, was nur dann möglich ist, wenn diese Gefäßkontraktionen rhythmisch in völliger Harmonie mit den Kontraktionen des zentralen Herzens erfolgen. Diese strenge Koordination wird dadurch erreicht, daß im Blutfördern zwei Wellen teilnehmen: die Herzwelle und die Gefäßwelle (diese zerfällt gleichfalls in 2 Elemente, wie wir noch im II. Abschnitte sehen werden). Die erste Welle (Herzwelle) erscheint augenscheinlich doch als dominierend und erweitert die Gefäße beim Durchdringen durch dieselben; diese Dehnung bildet den Reiz, resp. den Erreger, welcher die aktive Kontraktion [1] der glatten Gefäßmuskulatur hervorruft (vgl. Legros und Onimus, Grützner, Kamm und Plotke u. a.). Die Gefäßkontraktion erfolgt gleich nach der Herzwelle und verbreitet sich peristaltisch der ganzen Länge des Gefäßnetzes nach. — Wir sehen somit, wie nahe die Theorie der peristaltischen Welle zum Galenschen „vis pulsifica" steht! — Also besteht die Rolle des „peripheren Herzens" darin, daß es die Herzwelle auffängt und ihre

[1] Diese Vorstellung über die kontraktionsfördernde Wirkung der Gefäßdehnung beruht auf den älteren Untersuchungen von Straub, Winkler, ferner v. Brücke und Biedermann, hauptsächlich aber auf den berühmten Versuchen von Baylíß, in denen dieser Forscher nach der Dehnung der Gefäße durch Blutüberfüllen, deren Kontraktion auch auf einer völlig denervierten Extremität beobachten konnte. Da aber Baylíß zum Überanfüllen der Extremitätsgefäße sich der Bauchgefäßkontraktion durch die Splanchnicusreizung bediente, so wurden bekanntlich seine Versuche von v. Anrep widerlegt, welcher ganz sicher beweisen konnte, daß die der Dehnung nachfolgende Gefäßkontraktion auf hormonalem Wege geschieht und auf die bei der Splanchnicusreizung sich einstellende Hyperadrenalinämie zurückzuführen ist (vgl. hierzu Johannson, ferner Lendorff).

schwingende Bewegungen durch seine Peristaltik in fortschreitende umformt[1]; je weiter vom zentralen Herzen, desto größer wird die Kraft und die Rolle der Gefäßwelle, mit gleichzeitiger Verkleinerung der Herzwelle; dadurch wird die relativ größere Dicke der Muscularis derjenigen Gefäße erklärt, die am weitesten vom Herzen entfernt sind (Franke). Für das Entstehen der peristaltischen Welle ist außer ihrem normalen Erreger — der Herzwelle (= primäre Welle) — noch ein gewisser Erregungsgrad der Gefäßmuskulatur notwendig; dabei ist zweierlei zu beachten: 1. die Geschwindigkeit des Auftretens der Gefäßmuskulaturkontraktion, d. h. die Entstehungsgeschwindigkeit der peristaltischen Welle, resp. die Periode der latenten Erregung, welche in verschiedenen Fällen ungleich ist, und 2. die Höhe der Erregungsstufe (analog der Harnblasenmuskulatur, die zu ihrer Kontraktion bald dieser, bald jener Überdehnung bedarf). Durch das unter normalen Bedingungen bestehende Vorherrschen der Herzwelle wird die Gefäßwelle gewissermaßen verstellt; in Fällen von Zentralherzschwäche, wenn die Arbeit des „peripheren Herzens" in den Vordergrund rückt, treten die auf das Vorhandensein der Gefäße sich beziehenden Tatsachen (s. u.) noch klarer zutage. In allen Fällen, wo eine Hypertrophie der Gefäßmuskulatur vorhanden ist, so z. B. bei der Aorteninsuffizienz[2], bei Hypertonien, bei chronischen Nephritiden und im Initialstadium der Sklerose (vgl. auch Schiele-Wiegandt, Hasebroek, Benda, Afonsky) erscheint die Gefäßwelle verstärkt; beim Abmagern, Ernährungsschwäche, Kollapsen kann dagegen die Kraft der peristaltischen Welle recht abgeschwächt sein, die Blutpropulsion wird dann ausschließlich vom Herzen besorgt, was in gewissen Fällen zur schnellen Dekompensation führt (Perwoff). Da, wie gesagt, die Gefäßwelle normalerweise von der Herzwelle maskiert bleibt, so erfand Janowsky zum besseren Aufklären der „peristaltischen Welle" ein Verfahren, welches ich im weiteren als „Versuch Janowskys" bezeichnen will; es besteht darin, daß auf einem bestimmten Gefäßabschnitt (gewöhnlich auf der Armarterie) eine Stenosierung gewissen Grades ausgeübt wird (mit Hilfe der Recklinghausenschen Manschette) — dadurch wird in den peripherwärts von der Stenose gelegenen Abschnitten die Herzwelle abgeschwächt, was zur Verstärkung der „Gefäßwelle" und allen damit verbundenen Erscheinungen führen soll. Eben auf diesen vom künstslichen Stenosierungsort peripherwärts gelegenen Abschnitten führten Janowsky und seine Schüler diejenigen Untersuchungen (sphygmomanometrische, sphygmographische, auskultative und plethysmographische) aus, welche von ihrem Standpunkte die neue Theorie vollständig zu bestätigen imstande sind.

In dieser endgültigen Form ist die „Theorie des peripheren Herzens" von vielen russischen Kliniken angenommen; in Westeuropa scheinen aber nur vereinzelte Kliniken (Guleke-Deutschland, Snapper-Holland, Vaquez-Frankreich, Frugoni-Italien) dieser Theorie

---

[1] Allein diese Vorstellung ist schon falsch, denn der alte physikalische Satz: „Unda non est materia progrediens, sed forma materiae progrediens" gilt für den Kreislauf nicht, eben weil man hier mit einer speziellen Wellenart, nämlich mit Schlauchwelle zu tun hat (vgl. Sahli).

[2] Diese Auffassungen über die Rolle der Gefäße bei der Aorteninsuffizienz wurden in Deutschland von Jürgensen, ganz unabhängig von Janowsky, hervorgehoben. Die Capillarbeobachtungen Jürgensens, welche am Kriegsmaterial ausgeführt wurden, sprechen aber eher zugunsten einer Anpassungsfähigkeit der Peripherie zu den Leistungen des Herzens (Herabsetzung der Widerstände bei Klappendefekten); eine aktive Förderung ist aber durch nichts gekennzeichnet.

recht zu geben. Was nun die bedeutendsten Physiologen anlangt, so scheint zur Zeit wohl niemand außer Mareš der neuen Kreislauftheorie irgendwelche Bedeutung zuzuschreiben.

Ich hatte keine Absicht, in diesem Abschnitt eine lückenlose Geschichte des „peripheren Herzens" darzustellen[1]; deswegen sind hier nur diejenigen Forscher erwähnt, deren Ergebnisse entweder bis jetzt noch den Anhängern der neuen Theorie als Beweise dienen, oder aber eine spezielle Bedeutung für die in den folgenden Abschnitten besprochenen Fragen haben. Aus denselben Gründen führe ich speziell die die Richtigkeit der alten Theorie beweisenden Gesichtspunkte nicht an, — dazu müßte ich alle bekannten physiologischen Lehr- und Handbücher referieren —, sondern will im folgenden nur auf die nicht genügend triftigen Seiten der neuen Theorie hinweisen. Um jedoch zu gewissen Fragen nicht wiederzukommen, halte ich es für angebracht, schon gleich einige Überlegungen über die Gefäßperistaltik auszusprechen.

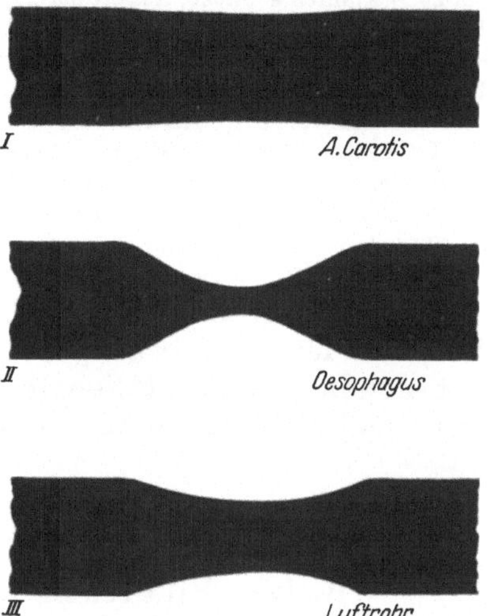

Abb. 1. Graphischer Vergleich der pulsatorischen Durchmesserschwankungen der Gefäße, der peristaltischen Einschnürungen der Speiseröhre und der peristaltischen Lumenänderungen des Luftrohres. (Zusammengestellt nach Hürthle, Teschendorf und Reinberg.)

Vor allem sei bemerkt, daß die von Schiele-Wiegandt beschriebene und von der neuen Theorie so viel propagandierte relative Zunahme der Muscularis der Gefäße mit deren Entfernung vom Herzen zur Zeit nicht mehr feststeht: Hürthle hat auf Grund der Untersuchungen seines Schülers Heptner festgestellt, daß die Wandstärke bei allen Arterien bis zu den Capillaren etwa 15% des Gesamtradius beträgt; der Anteil der Media ist dabei bei der Aorta — 94%, A. axillaris — 89%, A. carotis — 80%, A. iliaca — 60% „Bei den folgenden mittleren Arterien bis herunter zu solchen von etwa 0,2 mm Durchmesser sinkt der Anteil der Media auf 50%."

Ferner muß es erwähnt werden, daß die pulsatorischen Durchmesserschwankungen der Arterien sehr gering sind und höchstens für die A. carotis $^1/_{25}$ und für die Cruralis $^1/_{44}$ des Durchmessers (Hürthle) betragen; so geringe Veränderungen der Lichtung[2] können natürlich in keinem Parallelismus mit dem Verdauungstraktus gestellt werden (wie es von Janowsky u. a. gemacht wird), ja sogar nicht mit der unlängst von Reinberg entdeckten Peristaltik des Luftrohres verglichen (vgl. Abb. 1) und wirken sicher nicht propulsiv. Aber aus den Arbeiten Hürthle erleuchtet ferner noch, daß je näher zur Peripherie, desto kleiner diese Durchmesserschwankungen werden und daß in den Arteriolen überhaupt keine pulsatorischen Durchmesserschwankungen sich erkennen lassen; dies führt natürlich zum völligen Scheitern der neuen Theorie in dem Teile, wo diese meint, daß das „periphere Herz" um so intensiver arbeitet, je weiter der betreffende Gefäßabschnitt vom zentralen Herzen entfernt ist. In ausführlichen Untersuchungen hat Heß zeigen können, daß die peristaltische Welle nur dann den Blutstrom

[1] Ich verweise hier auf die ausführlichen Monographien und Übersichten von Hürthle, Fleisch, Hasebroek, Mareš, Kautsky, Janowsky, Franke, Weitz u. a.

Anmerkung bei der Korrektur: Inzwischen sind die „Verhandlungen des 10. Internistenkongresses der U.S.S.R." erschienen, wo noch zwei große Übersichten von Lang und von Kurschakoff veröffentlicht sind.

[2] Der geringe Grad der pulsatorischen Dehnungen der Arterien ist übrigens schon in älteren Arbeiten Donders, ferner Cohnheims hervorgehoben worden.

fördern wird, wenn sie das Gefäß genügend tief einschnürt und, hauptsächlich, wenn sie mit einer der Stromgeschwindigkeit des Blutes mindestens gleichen Geschwindigkeit sich fortpflanzen wird. Widrigenfalls kommt es zur Hemmung des Blutstromes (vgl. auch Exner, Rollett). Wenden wir uns aber zu den Arbeiten von Apitz, Friedmann, Weiß u. a. m., so ist es leicht zu ersehen, daß die Geschwindigkeit, mit welcher die Gefäße durch Kontraktion auf die Dehnung reagieren, nur einige Minuten, nach Full sogar einige Stunden betragen. Auch Grützner und v. Uexküll berichten darüber, daß die Geschwindigkeit der Verkürzung glatter Muskeln sich außerordentlich langsam vollzieht; dies ist für die Entstehung der „gefäßperistaltischen Welle" natürlich ungenügend. Daran schließen sich auch die Befunde Wachholders, welcher die Zeit des Kontraktionsverlaufs mindestens als 20 Sekunden schätzt; außerdem stellte dieser Autor fest, daß von einer peristaltartigen Fortpflanzung der rhythmischen Spontankontraktion überlebender Arterien keine Rede ist. Dieses Fehlen jeglicher Peristaltik wurde auch von Fuchs seiner Zeit betont, in welchem Umstande er einen großen physiologischen Unterschied zwischen der Muskulatur der Gefäße und der Harnleiter (oder Därme) sah.

Im besten Einklange damit stehen auch die eingehendsten Studien, welche von Heß an der Kaninchencarotis in vivo ausgeführt wurden (die Einzelheiten der komplizierten Methodik sind im Original nachzusehen), wobei dieser Forscher auch zu dem Schluß kommen mußte, daß von irgendwelchen Erscheinungen, „welche eine Aktion der Arterienwand anzeigen würden, keine Spur zu entdecken ist".

Zusammenfassend muß also gesagt werden, daß die in Frage kommenden Arbeiten der Physiologen für die vom Standpunkt der neuen Kreislauftheorie ausgeführten klinischen Arbeiten als eine reelle Basis nicht dienen können.

III. Die Rolle der Arterien.

A. Der Blutdruck im Dienste der neuen Theorie.

1. Das Teissier-Hillsche Symptom.

Die Blutbewegung im arteriellen Teile des Kreislaufsystems geschieht daher, weil der in der Aorta (resp. A. pulmonalis) durch den linken (resp. rechten) Ventrikel geschaffene Blutdruck sehr allmählich (Poiseuille), aber doch sicher fällt, je weiter der betreffende Punkt vom Herzen entfernt wird (Marey), und kein Paradoxon kann in dieser Hinsicht von der modernen Physiologie weder verstanden, noch akzeptiert werden. Allein, wie es noch später gezeigt sein wird, vermochte eine Reihe fehlerhafter diesbezüglich am Krankenbette gesammelter Tatsachen eine große Rolle im Einbürgern der neuen Kreislauftheorie zu spielen.

Es muß zugegeben werden, daß die Physiologen in dieser Hinsicht auch nicht sündenfrei sind, und daß die älteren Arbeiten hier auch große Inkongruenzen enthalten. Der erste Fehler ist — wie erstaunlich dies auch sein mag — unter Ludwigs Leitung 1843 gemacht worden; Spengler fand nämlich, daß der Blutdruck in den vom Herzen entfernten Arterien größer ist, als in den näher gelegenen und, was von besonderer Wichtigkeit ist, daß dies auch für solche Gefäße gilt, von denen das eine die Fortsetzung des anderen darstellt (z. B. Carotis und Maxillaris). Diese Angaben wurden bekanntlich später durch umfangreiche und exakte Nachprüfungen Volkmanns widerlegt, indem er durch eine scharfsinnige Einrichtung feststellen konnte, daß der Druck im peripheren Abschnitt der Arterie immer niedriger ist, als im zentralen. In Hinsicht auf diese Bedingungen kann heutzutage nur eine Meinung herrschen: der Blutdruck in einem und demselben Gefäße fällt stets zur Peripherie ab oder, was dasselbe ist: der Druck ist in einem Gefäß immer niedriger, als in demjenigen, von dem es anfängt (Jacobson, Schulten, Fr. Müller).

Zugleich kann die Sache ganz anders mit den Gefäßen stehen, welche vom Herzen verschieden entfernt sind, aber nicht eins eine Fortsetzung des anderen bildet — hier ist es a priori gar nicht notwendig, daß die Druckerniedrigung der Entfernung vom Herzen parallel geht, denn es kann eine ganze Reihe Bedingungen mit eingreifen, welche diese Gesetzmäßigkeit zu stören vermag; darüber wird noch speziell die Rede sein. Wenn der Blutdruck in irgendeinem vom Herzen entfernteren Gefäße größer wäre, als in einem dem Herzen nähergelegenen, so könnte diese Sachlage nur unter solchen Bedingungen paradox erscheinen, wenn dieser Druck höher als der aortale wäre (so etwas hat aber vorläufig noch niemand beobachten können), oder aber, wenn die beiden untersuchten Gefäßgebiete absolut identisch, oder symmetrisch wären — was gleichfalls niemals vorkommt. Wenn also Hürthle in seinen älteren Versuchen, welche er später selbst für fehlerhaft erklärte, höhere Werte für den Blutdruck in der A. cruralis als in der A. carotis erhielt, so hieß die von rein prinzipieller Seite gar nicht, daß die alte Kreislauftheorie vernichtet werden müsse; die Bedingungsverschiedenheit des Kreislaufes, welche ich z. B. schon darin sehe, daß die Gefäße der vorderen Extremitäten viel dehnbarer sind als diejenigen der hinteren (Landois), kann gewiß dazu führen, daß das Druckgefälle für verschiedene Gebiete ungleich wird. Weitere in dieser Richtung angestellte Versuche haben gleichfalls diejenige Tatsache bestätigt, daß in entfernteren Gefäßgebieten niemals ein höherer Blutdruck herrscht als in zentralen; die sichersten Beweise dafür hat aber meines Erachtens Weber geliefert, welcher den Druck in der Carotis und in der Cruralis mit einem und demselben elastischen Manometer durch rasche Umschaltung desselben gemessen hat (vgl. Abb. 2).

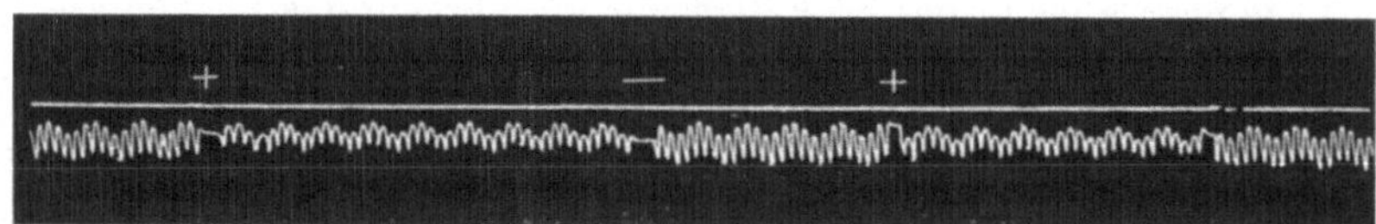

Abb. 2. Blutdruckmessung mit einem und demselben Manometer (durch Umschaltung) an zwei verschiedenen Gefäßgebieten. + Beginn des Druckes der Carotis. — Beginn des Druckes der Cruralis (Katze). (Nach Weber.)

Dawson, Fick, Bogomolez, Sčukareff und Zawodskoy u. a. sind zu ähnlichen Resultaten gekommen. In einer schönen Arbeit, welche in der jüngsten Zeit an einem großen Material und mit einer absolut einwandfreien Technik von Merke und Al. Müller ausgeführt wurde, ist gleichfalls festgestellt worden, daß der Blutdruck peripherwärts immer fällt. Die Resultate, welche Faivre, ferner O. Müller und Blauel bei blutigen Messungen am Menschen erzielt haben, decken sich damit auch. Somit ist vom Standpunkte der modernen Kreislaufphysiologie die letzte Tatsache sichergestellt, so daß die obenbeschriebenen Diskussionen in der letzten Zeit in Vergessenheit geraten, obwohl Hasebroek immer noch unversöhnlich bleibt.

Die unblutigen Messungen, welche an gesunden Menschen angestellt wurden, stimmen mit diesen Vorstellungen vollständig überein: der Druck in der Armarterie (resp. A. radialis) und in der A. tibialis (resp. A. dorsalis pedis) ist bei horizontaler Lage entweder einander gleich, oder aber ist der letzte etwas niedriger (Laubry, Mougeot und Walser, Hill und Flack, Bernard und Soltan, Mc. William und Melvin, Mougeot, Leschke, Heitz). Denselben Folgerungen schliessen sich auch Alx. Müller und Pawlowskaja an, welche keine besonderen Abweichungen von dieser Regel fanden, jedenfalls bei unter 30 Jahre alten Personen.

Man ist aber am Krankenbette wieder an die alte Frage gestossen; es haben nämlich Teissier bei abdominaler Aortitis („signe de la pédieuse“) und Hill mit seinen Mitarbeitern Rowlands, Flack und Holtzmann bei Aorteninsuffizienz eine relative Hypertonie unterer Extremitäten als ständige Erscheinung beobachten können.

Die Angaben Teissiers und Hills haben durch die Veröffentlichungen von Minet, Barié und Colombe, Mandelstamm, Alx. Müller und Pawlowskaja, Leschke, Murray, Hare. Rolleston, Heitz, Laubry, Mougeot und Walser, Williamson eine weitere Bestätigung gefunden, wobei das Symptom auch in Fällen von Sklerose und Hypertension positiv gefunden wurde. Es ist naturgemäß ganz klar, daß diese Tatsachen für die neue Kreislauftheorie höchst vorteilhaft erschienen, und die Anhänger der neuen Theorie (N. Schwarz, Kurschakoff) haben nicht unterlassen, dem Teissier-Hillschen Symptom ihre Erklärung zu geben: Da die Druckerhöhung in den weiter vom Herzen gelegenen Gebieten hauptsächlich bei Sklerose und Aorteninsuffizienz beobachtet wird, d. h. gerade bei denjenigen Erkrankungen, wo das „periphere Herz" besonders intensiv arbeitet (s. o.), so sei eine kausale Abhängigkeit hier außer Zweifel; es hänge diese Erhöhung von selbständigen rhythmischen Gefäßkontraktionen ab, welche in weitgelegenen Gebieten, wo die ganze Blutförderungsarbeit ausschließlich durch diese besorgt werde, die Fähigkeit besitze, den Blutdruck höher als in den zentralen Abschnitten hinaufzutreiben (vgl. auch Hasebroek), was besonders durch die Beobachtungen Murreys bestätigt zu sein schien, welcher finden konnte, daß die Hillsche Differenz desto größer wird, je peripherer das zu untersuchende Gefäß liegt. Solche Auffassungen können aber in besten Fällen nur als Verkennung elementarer physikalischer Gesetze gedeutet werden, denn die Strömung einer Flüssigkeit wird nicht durch den Druck, sondern durch das Druckgefälle gewährleistet. Es wurden auch zur Begründung dieser abstrakten Vorstellungen von der neuen Theorie unmittelbar keine konkreten Tatsachen angeführt. Im Gegenteil zeigten die Untersuchungen von Grünberg, Hwiliwitzkaja u. a., daß gerade bei der Sklerose die Kontraktionsfähigkeit der Gefäße erniedrigt ist, was auf jeden Fall gegen die neue Kreislauftheorie spricht.

Es ist aber hervorzuheben, daß auch seitens der Anhänger der alten Theorie es an Erklärungen des Teissier-Hillschen Symptoms nicht gefehlt hat; wohl ist eine Unmenge Erklärungen beim Lösen strittiger Fragen ein negativer Umstand, trotzdem aber erschienen die schwächsten Erklärungen, welche in diesem Falle angeführt wurden, viel reeller und annehmbarer als die Theorie des „peripheren Herzens".

Vor allem müssen die Auffassungen von Heitz (vgl. auch Ribierre) erwähnt werden, welche mit Recht darauf die Aufmerksamkeit lenkten, daß ein Teil der das Teissiersche Symptom bestätigenden Arbeiten entweder mit einer ungenügend exakten (mit dem Potainschen Apparat), oder mit einer ungeeigneten (schmale Manschette Pachons) Methodik ausgeführt wurde. Es ist hier nicht der Ort, die Geschichte des Manschettenwachsens in die Breite zu besprechen (ich nenne hier nur die ausführlichen Arbeiten von v. Recklinghausen, Sahli, O. Müller und Blauel, Straub, Dehon, Dubus und Heitz), ich verweise nur darauf, daß es heutzutage sichersteht, daß schmale Manschetten höhere Werte geben, wobei dies (es ist bei Menschen auch auf blutigem Wege bei Amputationen nachgeforscht worden) hauptsächlich den systolischen, nicht aber diastolischen Druck betrifft. Beachtet man einerseits, daß beim positiven Teissier-Hillschen Symptom der diastolische Druck keine dem systolischen einheitliche Schwankungen gibt (Mandelstamm, Pagniez), daß andererseits die Angaben der schmalen Manschetten von dem Umfange der von ihnen zusammengepreßten Gewebe abhängig sind (Sahli, Straub, Mjassnikow und Alx. Müller u. a.), daß schließlich Heitz in den Fällen von Kreislaufstörungen, wo man mit dem Pachonschen Oscillometer einen positiven Teissier-Hill beobachtete, mit der breiten Manschette keine Erhöhung des Druckes fand (vgl. auch Bogaert), so wird die relative Hypertonie der unteren Extremitäten wenigstens für einen Teil der Fälle auch ohne das „periphere Herz“ erklärt werden können.

Außerdem möchte ich nochmals die bereits oben besprochenen Thesen Landois hervorheben, daß nämlich die Arterien der hinteren (resp. unteren) Extremitäten weniger dehnbar sind als die der oberen, was natürlich nicht ohne Einfluß auf den maximalen Druck bleiben kann. Ich kann ferner mit Mandelstamm, Alx. Müller und Pawlowskaja volltändig übereinstimmen, welche der Meinung sind, daß auch die Gefäßtopographie in dieser Hinsicht eine große Rolle spielen kann; in Wirklichkeit ist die Form der Bahn, längs der die Blutwelle bis zur A. radialis oder A. tibialis gelangt, doch ganz verschiedenartig: im ersten Falle macht dieser Weg (bei nach unten gelassener Hand) eine Reihe fast 120° — großer Biegungen, im zweiten Falle bildet er beinahe eine Gerade. Es ist verständlich, daß im ersten Fall die Herzwelle in größerem Maße den Reflexionserscheinungen unterworfen wird, so daß ihr Schwung gedämpft werden kann. Ich möchte die Aufmerksamkeit dringend darauf lenken, daß hierin kein Widerspruch mit den obenerwähnten Versuchsergebnissen über die Druckgleichheit in der Carotis und in der Cruralis besteht: diese beiden Arterien befinden sich in Hinsicht zur Blutstromrichtung in ziemlich gleichen Bedingungen, die Bedingungen für die A. brachialis dagegen sind, wie ersichtlich, ganz andere. Dieser scheinbare Widerspruch mit der Physiologie bestätigt wiederum, daß die verschiedenen Formen der Blutwellenbahn für die Genese des Hillschen Symptoms sicher eine große Bedeutung haben. Es ist klar, daß diese Bedingungen auch bei normalen Kreislaufverhältnissen vorhanden sein müssen, und dieses Symptom kann tatsächlich auch bei gesunden Personen beobachtet werden, wobei es natürlich sehr schwach ausgeprägt ist (Heitz, Müller und Pawlowskaja, Josué, was ich übrigens auch bestätigen kann); besonders scharf müssen aber diese Bedingungen am Gefäßsystem des Sklerotikers zur Beobachtung kommen, wo der Schwung der Druckwelle gewiß verstärkt ist und alle vorhandenen Differenzen mit besonderer Klarheit zutage treten. Leschke meint, daß das Hillsche Symptom durch die schwerer ausführbare Kompression der sklerosierten Gefäße erklärt werden kann (vgl. auch Ewald, v. Recklinghausen; über entsprechende Rolle des Kontraktionszustandes der Gefäße — s. Mc. William und Kesson, David), und daß auf solche Weise der Druck in den Gefäßen der unteren Extremität in Wirklichkeit nicht höher ist, da nach den Angaben dieses Autors die Arterien der unteren Extremität in Fällen mit positivem Hillschen Symptom von sklerotischen Veränderungen mehr befallen werden, als die Arterien des Armes; auch Oberndorfer betont, daß die oberen Extremitätengefäße weit weniger von der Sklerose befallen werden, und — was für uns hier von besonderer Wichtigkeit ist — daß die Armgefäße bei höchstgradiger Sklerose der Schenkelarterien vollständig intakt bleiben können. Dem scheinen aber die Ergebnisse De Vries Reilinghs und Alx. Müller zu widersprechen, welche finden konnten, daß die sklerotischen Arterien keinen erhöhten Widerstand beim Blutdruckmessen nach Riva-Rocci leisten.

In bezug auf das Hillsche Symptom bei Aorteninsuffizienz ist sehr bemerkenswert der Standpunkt Gallavardins: Der beschriebene Unterschied in der Größe des systolischen Druckes ist von der Differenz des intravasalen Druckes zum Schluß der Diastole abhängig; der diastolische Druck fällt in diesen Fällen um so mehr, je näher das betreffende Gebiet zu den insuffizienten Klappen gelegen ist. Die systolische Welle erscheint daher in den weitergelegenen Abschnitten gleich wie auf ein Postament aufgestellt und gibt einen höheren Druck, als in den nähergelegenen (vgl. auch Hochrein). Von diesem Standpunkt ausgehend, müßte das Hillsche Symptom nicht als relative Hypertonie der unteren Extremitäten, sondern als relative Hypotonie der oberen betrachtet werden. Eine experimentelle Nachprüfung dieses Standpunktes wäre höchst wünschenswert[1]. Hierher gehören auch die Anschauungen von Laubry, Mougeot und Walser, welche den Grund des Teissierschen Symptoms in einer ungenügenden Amortisation der Pulswelle von der rigiden Aorta zu sehen geneigt sind. Daß rein mechanische Bedingungen dabei eine nicht geringe Rolle spielen können, besagt die Tatsache, daß bei angeborener Hypoplasie der Aorta eine dem Hillschen Symptom inverse Erscheinung beobachtet wird: der Druck auf den unteren Extremitäten erscheint beträchtlich niedriger als auf den oberen, wobei der Unterschied bis 70 mm Hg betragen kann (Laubry und Pezzi); diese Tatsache steht in absolutem Widerspruch mit der Theorie des „peripheren Herzens" und weist hin, wie verwickelt noch die Verhältnisse erscheinen und wie vorsichtig man mit der Ausnützung des Teissier-Hillschen Symptoms zugunsten der neuen Theorie sein muß, da gerade bei der Aortenhypoplasie eine Hypertrophie der peripheren Gefäßmuskulatur besteht (Wirssaladze), was von Wolkoff als eine „Kompensationserscheinung" gedeutet wird.

Wenn alle diese Grundlagen die Sache etwas spekulativ erklären und wir über keine absolut konkrete Tatsachen zur präzisen Deutung des Teissier-Hillschen Symptoms verfügen, so haben wir doch heutzutage einen völlig einwandfreien Beweis, daß das „periphere Herz" hier auch nichts zu tun hat. Ganz ungeahnt hat Leschke diese Theorie, wenigstens in bezug auf das Hillsche Symptom, zum vollständigen Scheitern gebracht. Er hat nämlich in Fällen mit ausgeprägter durch eine Aorteninsuffizienz und Sklerose bedingter relativer Hypertonie der unteren Extremitäten, d. h. gerade in denjenigen Fällen, wo also nach Perwoff alle Bedingungen zur Tätigkeit des „peripheren Herzens" gegeben sind, ein fast vollständiges Fehlen der Muskelfasern in der Media und einen Ersatz durch gewuchertes Bindegewebe gefunden. Es fragt sich nun, durch welche Elemente in diesen Fällen die aktive Kontraktionsfähigkeit der Gefäßwand zustande kam, welche das positive Hillsche Symptom bewirkte.

Zusammenfassend möchte ich also sagen, daß bei gewissen pathologischen Zuständen zwischen den oberen und unteren Extremitäten eine Blutdruckdifferenz vorhanden sein kann, deren alle Gründe heutzutage noch nicht völlig geklärt sind, wobei augenscheinlich rein mechanische, wie auch außerhalb der Gefäße liegende Momente in dieser Beziehung eine große Rolle spielen können.

[1] In dieser Beziehung liegen meines Erachtens in der Literatur nur kurze Tatsachen aus der Arbeit Leschkes vor, welcher aber leider den Druck in der A. carotis mit dem der A. cruralis verglich, was dem Hillschen Symptom, wie ich oben erwähnte, nicht parallel ist.

Sicher ist nur, daß „eine kräftige Gefäßperistaltik“ nicht der Grund dazu ist, da diese Druckdifferenz auch trotz Muskelatrophie der Arterien stark ausgeprägt sein kann.

2. Die Sphygmomanometrie des Versuches Janowskys.

Wir haben im II. Abschnitte gesehen, daß von Janowsky ein spezielles Verfahren zur Äußerung der Arbeit des „peripheren Herzens“ (mittels Dämpfung der Herzwelle) vorgeschlagen wurde; wir haben das mit dem Namen „Versuch Janowskys“ bezeichnet. Es sollen hier die durch solche Versuche erhaltenen Sphygmomanometrieergebnisse besprochen werden, da auf diese von den Anhängern der neuen Theorie besonders viel Gewicht gelegt wurde.

Die bedeutendsten Arbeiten sind in dieser Richtung von Perwoff und N. Schwarz ausgeführt worden. Perwoff arbeitete mit dem Potainschen Apparat nach folgender Methodik: preßt man die Armarterie mit der Riva-Roccischen Manschette über den vorher bestimmten Maximaldruck zusammen, so verschwindet der Puls in der A. radialis, und der Blutdruck daselbst wird praktisch Null betragen; bei vorsichtigem Auseinanderpressen der Manschette erscheint in der A. radialis der Puls, und der Blutdruck kann nun mittels Potainschen Apparates bestimmt werden. Gemäß den oben angeführten Gesetzen der Physiologie, muß der Blutdruck in der eine unmittelbare Fortsetzung der Armarterie darstellenden A. radialis, je nach dem Auseinanderpressen der den Arm komprimierenden Manschette, allmählich anwachsen, um bei vollständigem Auseinanderpressen entweder den Druck der Armarterie zu erreichen, oder aber etwas niedriger werden (s. o.). Perwoffs Versuche haben aber gezeigt, daß dies bei weitem nicht immer der Fall ist. Bei gesunden Menschen wird es in Wirklichkeit auch so beobachtet, bei speziellen pathologischen Fällen dagegen tritt eine paradoxe Erscheinung zutage: Zugleich mit dem allmählichen Auseinanderpressen der Armmanschette wächst der mit der Potainschen Pelotte gemessene Blutdruck in der A. radialis, steigt bis zum maximalen Druck empor und übertrifft, je nach dem Charakter der Krankheit, den Maximaldruck auf eine beträchtliche Zahl[1]. Besonders groß ist dieser Druckanstieg bei Arteriosklerose, wo er nach Perwoff bis 120 mm Hg betragen kann. Ähnliche Erscheinungen, aber im schwächeren Grade konnte Perwoff auch bei Nierenkranken beobachten. Fälle von Aorteninsuffizienz, welche durch Sklerose kompliziert sind, geben im Versuche Janowskys auch einen großen peripherischen Druckanstieg, derselbe wird aber bei reiner Aorteninsuffizienz viel bescheidener und beträgt, mit dem Potainschen Apparat gemessen, jedenfalls nicht mehr als 50 mm Hg. Ein ganz anderes Bild wird bei Krankheiten beobachtet, welche von Entkräftung und Nahrungsstörung begleitet werden: niemals kommt hier eine Erhöhung des peripheren Druckes vor, die Zahlen sind viel niedriger, als die maximalen Armwerte. Alle diese Tatsachen will Perwoff folgendermaßen erklären: Da infolge der Kompression der Armarterie mittels der Riva-Roccischen Manschette die Kraft der Herzwelle peripherwärts somit verkleinert und die Kraft der Gefäßwelle vergrößert wird, so sei eine Druckerhöhung, welche peripherwärts der Stenose stattfinden, ein Resultat der Verstärkung der Gefäßperistaltik

[1] Es muß hinzugefügt werden, daß nach den Angaben des Autors zwischen den einzelnen Messungen die Luft aus der Manschette völlig weggelassen wurde, so daß eine dauerhafte Stauung also nicht in Frage kommt.

(„Reservekraftsäußerung der peristaltischen Welle"), was „ähnlich der Verstärkung der Darmperistaltik infolge Stenosierung ist" (von mir ausgezeichnet). Dort, wo die Arbeit des „peripheren Herzens" besonders intensiv sein soll (Sklerose, Nierenerkrankungen, Aorteninsuffizienz), müsse auch der Druckanwuchs sehr stark sein; diejenigen Fälle, in denen der Potainsche Apparat niedrige Zahlen gibt, welche sich vom Maximaldruck stark unterscheiden, liefern die Möglichkeit, eine Erschöpfung der Reservekraft der peristaltischen Welle vorauszusagen. Es muß noch ein Umstand beachtet werden, der für die nächstfolgenden Schlüsse von Wichtigkeit ist, nämlich, daß die Anwüchse des peripherischen Blutdrucks, welche bei manchen Erkrankungsgruppen mit solcher Deutlichkeit Perwoff feststellen konnte, bei demjenigen Kompressionsgrade zutage treten, welcher der 2. Zone der Korotkoffschen Schallerscheinungen (Geräusche) entspricht.

So verlockend und schön diese Erklärungen sein mögen, es bleibt dennoch unverständlich, warum der Druck peripherwärts von der Stenose höher sein muß als der Druck oberhalb von ihr. Die Analogie mit dem Darme ist ganz unrichtig: zwar wird die Peristaltik der glatten Muskulatur der Hohlorgane zur Bewegung im Falle einer Stenose angespornt, das geschieht aber in den höher (vor dem Stenoseorte), keineswegs aber in den niedriger (nach dem Stenoseorte) gelegenen Abschnitten. Die Versuche Perwoffs wurden von Ugreninowa entwickelt, welche finden konnte, daß die beschriebenen Erscheinungen noch deutlicher nach Adrenalingaben ausgeprägt werden.

Diese von den Anhängern der neuen Theorie mehrfach wiederholten Vorstellungen über die Arbeit des „peripheren Herzens", steigernde Wirkung des Adrenalins, erscheinen eigentlich durch nichts Reelles begründet (da dabei — wenigstens am Krankenbette — eine Unbekannte durch eine andere erklärt wird), sondern werden augenscheinlich parallel dem experimentellen Material angeführt. In der Tat werden die Spontanbewegungen überlebender Arterien durch Adrenalin verstärkt (vgl. die in dem II. Abschnitt zitierten Arbeiten, ferner die Arbeiten der Krawkowschen Schule — S. Anitschkow, Soloweitschik u. v. a.); wir haben jedoch eben gehört, wie träge und für die Blutförderung im Sinne des „peripheren Herzens" überhaupt unanwendbar diese Bewegungen sind (siehe II. Abschnitt). Auch die nach Adrenalingaben eintretende Erhöhung des Maximaldruckes, ohne gleichzeitiger Erhöhung des Minimaldruckes, welche am Krankenbette beobachtet wird und auf welche Hasebroek aufmerksam machte, ist bekanntlich nach Hürthle auf die Änderung der Aortensystemdehnbarkeit unter Adrenalineinwirkung zurückzuführen.

Ferner wurden die Versuche Perwoffs in ganz analoger Reihenfolge von N. Schwarz mit dem Gärtnerschen Tonometer wiederholt; auf solchem Wege suchte dieser Autor die Kraft der peristaltischen Welle in den Fingerarterien festzustellen. Auch N. Schwarz konnte bei gewissen Stenosierungsgraden der Armarterie, welche auch der zweiten Korotkoffschen Zone entsprachen, in geeigneten Fällen eine deutliche Blutdruckerhöhung auf der Peripherie erhalten, im Vergleich mit dem Druck in den zentralen Abschnitten des Gefäßsystems.

Tabelle 1 gibt Auskunft über einen solchen Fall.

Hier sehen wir also, daß der peripherische Druck in einem bestimmten Moment der Stenose schroff emporsteigt (bis 60 mm Hg), um nachher langsam, je nach dem Aufheben der Stenose, zu normalen Werten zu kommen. Andererseits finden sich in den Versuchen von Schwarz sonderbare, nicht dem Typus „crescendo-diminuendo" folgende Werte des Tonometers, wie es eigentlich zu erwarten wäre; dieselben erscheinen unverständlich und sprungartig und zwingen dazu, eine defektive Methodik voraussetzen zu müssen. Zum Beispiel: 0—80 — 40—65—75, oder etwa 93—10 (?) — 55 — 95 — 115. Es liegt der Gedanke nahe, daß hier irgendwelche weniger gesetzmäßige Faktoren nicht ohne Wirkung bleiben.

Tabelle 1. (Nach N. Schwarz.)
Insuff. Vv. aortae. Blutdruck nach Gärtner: 100 mm Hg (vor dem Versuch), 108 mm Hg (nach dem Versuch).

Die Arteria brachialis wird zusammengepreßt mit einem Druck von mm Hg	Werte nach dem Gärtnerschen Tonometer (mm Hg)
160	25
150	50
140	38
130	38
120	95
110	125
100	168
90	108
80	116
70	112
60	110
50	110
40	110
30	110

Auf Grund seiner Versuche hat Schwarz sogar eine Formel zur Berechnung der funktionellen Fähigkeit (resp. Reservekraft) der peristaltischen Welle in den Fingerarterien abgeleitet. Es sei mir doch hier erlaubt darauf hinzuweisen, daß die Zeit, wo die Medizin von Formeln eingenommen war, Gott sei Dank, bereits vorbei ist [1]. Wenn wir soweit gelangt sind, daß sogar die Anwendungsgrenzen des Poiseuilleschen Gesetzes zu den menschlichen Gefäßen sehr eingeschränkt haben (vgl. Mareš, W. Heß, Hürthle, Rothmann u. a.), und daß sogar die hämostatischen Gesetze nur in sehr annähernde Formeln hineingebracht werden können, so erscheint es doch etwas schwer, einen wohl auf gewisse Exaktheit gerichteten lokalen Funktionsfähigkeitskoeffizient der Arterien aufstellen zu können. Der Koeffizient Schwarzs (welcher eine Abänderung des Koeffizienten Janowskys darstellt), wird nach folgender Formel berechnet:

$$F = \frac{(B - b) + (G - g)}{b},$$

wo B diejenige maximale Zusammenpressung der Armarterie darstellt, bei welcher auf den Fingern die größten tonometrischen Werte beobachtet werden; b = minimaler Druck in der Armarterie; g = normaler tonomterischer Wert, für den gegebenen Fall; endlich G = die maximalen Werte Gärtners beim Stenosieren des Armes. Nach dieser Formel wurden von Schwarz Koeffiziente für verschiedene Fälle berechnet, wobei es sich herausstellte, daß gerade diejenigen Erkrankungen, bei denen nach der neuen Theorie eine größere Arbeit des „peripheren Herzens" zu vermuten war, auch mit einem größeren Koeffizienten einhergehen. In der Norm ist dieser Koeffizient gleich 0,54 mit geringen Schwankungen

[1] Zu welchen gefährlichen Verwickelungen der Kreislauffragen verschiedene „Berechnungen" führen können, zeigt die berühmte „systolische Schwellung" Hürthles. Bekanntlich hat Hürthle unter diesem Namen die merkwürdige Tatsache beschrieben, daß der gemessene Blutstrom in der Umgebung des Gipfels der Pulskurve über den vom Standpunkt der alten Theorie berechneten Wert stark anwächst. Es ist leicht sich vorzustellen, von wie großer Stütze diese Erscheinungen für das „periphere Herz" sich erwiesen haben, und nur die bewundernswerte Eigenschaft zur gesunden Kritik und das Fehlen jeglicher Neigung zu schnellem Hinreißen, welche Hürthle — wie es ja allgemein bekannt ist — eigen sind, hielten ihn vom Anerkennen der neuen Theorie zurück. Kurze Zeit später wurden diese Ungemäßheiten von Fleisch und Heß erklärt, indem der letzte die Auseinandersetzungen Hürthles als falsch begründet bezeichnete, und zwar eine Fehlerquelle in der Vernachlässigung des Stromwiderstandes in der präcapillaren Bahn fand.

(von 0,4 bis 0,6). Bei Aorteninsuffizienz, Sklerose und Nephritis ist eine Erhöhung des Koeffizienten (bis 4,49), bei Anämien dagegen eine Herabsetzung desselben (bis 0) zu beobachten. Wie wir aber noch später sehen werden, kann die Größe „G" durch einen anderen nicht weniger merklichen Umstand beeinflußt sein.

Die Angaben Perwoffs und Schwarzs haben von mehreren Seiten, obwohl auch nicht in speziellen systematisch angestellten Untersuchungen eine weitere Bestätigung und Anerkennung gefunden [1] und galten in vielen Kliniken eine längere Zeit als fehlerfrei; natürlich erschienen alle diese Tatsachen für das „periphere Herz" höchst beweisend, allein deshalb schon, weil die alte Kreislauftheorie zu deren Erklärung nicht vorbereitet war.

Lang, ein Schüler Janowskys, war der erste, der die physiologischen Auffassungen seines Lehrers auf Grund klinischer Forschungen eigener Schüler angefochten hat; ihm verdanken wir, viele Forscher zu weiteren Untersuchungen, welche für das verwickelte Gebiet der Kreislaufphysiologie nicht ohne wesentlichen Nutzen geblieben sind, angeregt zu haben. In den auf dem 8. und 9. Allrussischen Internisten-Kongresse mitgeteilten Arbeiten ließ er Mjassnikow, Müller, Neschel und Skršinskaja die von Perwoff und Schwarz beschriebenen Erscheinungen mit anderen Methoden — nämlich Manschettenmethoden — nachprüfen, von der Meinung ausgehend, daß diese Methoden der Blutdruckmessung genauer sind als die Potainsche Pelotierung oder der Gärtnersche Ring, und nach den experimentellen Angaben von Lang und Manswetowa (auch Staehelin und A. Müller) fast vollständig die bei der blutigen Blutdruckmessung erhaltenen Zahlen wiederholen. In ihren nach der Methode Riva-Rocci-Korotkoff mit verschiedenen Armbändern und in verschiedenen Varianten angestellten Versuchen bekamen Mjassnikow, Neschel und Skržinskaja gleichfalls eine aber bei weitem nicht in allen Fällen zum Vorschein kommende Bludruckerhöhung auf der Peripherie (Unterarm) beim Stenosieren der oberhalb gelegenen Gefäße (Arm);

Tabelle 2. (Nach Rysznyak und Gönczy.)

Kompressionsdauer des Armes mit einem Druck von 135 mm Hg	Blutdruck am Finger
1 Min.	65 mm Hg
3 „	90 „ „
6 „	100 „ „
8 „	150 „ „
10 „	170 „ „

[1] Auch in Holland beschäftigte sich mit sehr ähnlichen Untersuchungen van den Spek. Der mehrfach diesbezüglich zitierten Arbeit Kržyschanowskys kommt aber in der uns interessierenden Richtung die geringste Bedeutung zu; Kržyschanowsky hat nämlich die Versuche Schwarzs wiederholt, wobei er aber eine Kompressionsdauer bis 15 und sogar 20 Minuten anwendete; dabei stiegen tatsächlich die Gärtnerzahlen auf 15 bis 20 mm Hg. Der Einfluß einer längere Zeit dauernden Kompression und damit verbundenen Stauung auf die Gärtnerzahlen wurden aber bekanntlich von Rusznyak und Gönczy studiert, wobei, wie aus der Tabelle 2 ersichtlich ist, das Hinauftreiben des Druckes in direktem Zusammenhange mit der Kompressionsdauer steht, so daß in verschiedenen Stenosierungsversuchen die Kompression wenigstens auf ein Zeitminimum herabgesetzt werden muß.

dabei stellte es sich noch heraus, daß am öftesten und am stärksten der periphere Blutdruck bei Verwendung schmaler Manschetten ansteigt. Jedoch ist diese Erhöhung, welche außerdem ihren höchsten Grad nicht während der Geräuschzone, sondern bei einer dem diastolischen Drucke gleichen Kompression der Manschette erreicht, ebenso oft bei gesunden, wie bei kranken Personen zu beobachten, so daß dieselbe mit irgendeiner Krankheitsgruppe, wie es Janowskys Schüler machten, nicht verknüpft werden kann. Allein es kam eine nicht minder im Sinne Sahlis, Straubs u. a. m. interessante Tatsache zum Vorschein: das Janowskysche Phänomen wird um so deutlicher beobachtet, je dicker der Arm und umgekehrt. Aus der Tab. 3, wo die Fälle nach der ansteigenden Dicke des Armes geordnet sind, ist dies

Tabelle 3. (Nach Mjassnikow und Müller.)

Nr.	Name	Diagnose	Umfang des Armes (cm)	Größe des peripheren Druckanstieges (mm Hg)
1.	B.	Arteriosklerose	20	0
2.	S.	Sanus	20	0
3.	B.	„	21	5
4.	Ch.	„	23	5
5.	T.	Neurasthenie	23	5
6.	K.	Sanus	23	10
7.	M.	„	25	10
8.	L.	Peritonitis tuberculosa	27	15
9.	S.	Insufficientia mitralis	27	20
10.	Sch.	Sanus	30	20
11.	J.	Endokarditis	30	20
12.	K.	Kardiosklerosis	32	20
13.	Ch.	„	31	20—30
14.	P.	Sanus	30	20—25
15.	P.	Hypertonie	33	30—40

sehr deutlich zu ersehen; dabei kommt z. B. auch eine solche Tatsache zum Vorschein, daß ein Arteriosklerotiker (Nr. 1), der nach Janowsky ein stark arbeitendes „peripheres Herz“ haben müßte, keine Blutdruckerhöhung aufweist, sobald er einen dünnen Arm hat, ein gesunder dagegen (Nr. 14) mit einem dicken Arm eine Erhöhung des Druckes auf 20—25 mm zeigt. Daraus ist mit absoluter Sicherheit zu folgern, daß bei der Verwendung der Manschettenmethoden die Gründe für die peripherische Blutdruckerhöhung beim Stenosieren des zentralen Gefäßabschnittes außerhalb des Objektes liegen und nicht von dieser oder jener funktionellen Lage der Gefäßwand, sondern nur von umgebendem Gewebe abhängig sind (vgl. auch Cushing); eine weitere Stütze für diese Folgerungen hat jene Versuchsanordnung geliefert, bei welcher die beiden Manschetten nebeneinander auf dem Arme befestigt waren: dabei war in 60% der Fälle der während der Stenosierung gemessene Blutdruck der unteren Manschette 10—30 mm höher als in der oberen. Da der Abschnitt, wo die somit zum Vorschein gekommene Wirkung des „peripheren Herzens“ zutage treten sollte, höchst gering war, so lag es nahe, entweder eine ungeheuere Kraft dieses Herzens, oder aber irgendwelche extravasale Blutdruckerhöhungsgründe vorauszusetzen. Dadurch wird wiederum diejenige hohe Relativität der bei der Verwendung in der Klinik des Riva-Roccischen, Reklinghausen und Pachonschen

Apparate erhaltenen Blutdruckzahlen betont, welche Sahli zu seiner Auffassung „eines unglücklichen Manschettensystems“ brachte. Es ist weiterhin auch klar, daß, falls die von der Manschette umfassenden Gewebe für die zur Pressung der Arterie nötige Kraft eine Rolle spielen können, auch der Zustand des zwischen der Arterie und der Manschette gelegenen Gewebes ceteris paribus verschieden wirken muß. Da nun die Gewebe im Versuche Janowskys in der Zone der Korotkoffschen Geräusche zweifellos gestaut werden, so sind diejenigen Blutdruckerhöhungen, denen die Arbeit des peripherischen Herzens zugeschrieben wird, leicht erklärbar. Da weiter der Gärtnersche Ring, mit dem Schwarz arbeitete, gleichfalls eine Manschette darstellt, welche von den eben beschriebenen Nachteilen ebenso nicht frei ist (vgl. Straub), und da die Stauung an der Peripherie früher und deutlicher zum Vorschein kommt, als dieselbe im Zentrum, so werden alle diejenigen Blutdruckerhöhungen, welche dieser Autor beobachten konnte, verständlich und verlieren jegliche Rätselhaftigkeit.

Übrigens sind diese Auffassungen der Schüler Langs nicht ganz neu: Sahli schrieb bereits 1922 in seiner Erwiderung an Peller (der bekanntlich auch mit verschiedenen Stenosierungsversuchen zwar in Beziehung auf andere Fragen sich befaßte), daß „das Verfahren der absteigenden Messung .... die denkbar unzweckmäßigste Methode ist, da es geeignet ist, in jedem Falle durch die progressive Eröffnung der Arterien bei unter hohem Druck verschlossenen Venen, während der ganzen für die Messung in Betracht kommenden Phase des Versuches maximale Stauung hervorzubringen“ [1].

Es bleibe hier nicht unerwähnt, daß Schwarz selbst darüber schreibt, daß die peripherische Blutdruckerhöhung beim Zusammenpressen der A. brachialis größer ist als beim Zusammenpressen der A. radialis, was seiner Meinung nach durch die größere Anzahl der peristaltierenden Gefäße zu erklären ist; wir wissen aber aus den Versuchen von Mjassnikow, Neschel und Skržinskaja, daß die peripherische Druckerhöhung auch bei nebeneinander liegenden Manschetten eine gute Blutdrucksteigerung gibt, d. h. auch dann, wenn der in Anspruch kommende Gefäßabschnitt minimal erscheint. Es ist daher die ganze Sache einfacher dadurch zu erklären, daß bei gleichen Umständen die Kompression des Unterarms zur geringeren Stauung führt als die Kompression des Armes — da die Zwischenknochenvenen dabei weniger zusammengepreßt werden.

Man ist aber gegen die Sphygmomanometrie des Janowskyschen Versuches mit dem Gärnterschen Apparate noch weiter gegangen. Mjassnikoff und Kalajewa konnten nämlich beweisen, daß bei wiederholten Blutdruckbestimmungen nach Gärtner auf einem und demselben Finger derselben Person der Blutdruck auch ohne Zusammenpressen des Oberarmes ansteigt, wobei diese Differenz bei sehr schnell aufeinander folgenden Messungen manchmal recht bedeutend sein kann. Die Autoren halten diese Resultate nicht für Fehler der Methode (der Grenzwert derselben wurde von ihnen = 4 mm Hg gefunden), sondern für das Resultat einer infolge oft aufeinanderfolgender Messungen sich einstellenden Tonusänderung der Fingerarterien, was der von Gallavardin (vgl. auch Josué) angegebenen Labilität des Blutdruckes bei häufigen Messungen auch mittels anderer Methoden entspricht. Eine andere interessante gleichfalls von diesen Autoren festgestellte Tatsache besteht in folgendem: Wird der Druck in der Armmanschette (im Janowskyschen Versuche) auf 10—15 mm Hg über den Maximaldruck gebracht, so verschwindet der Puls auf der A. radialis;

[1] Die Publikationen von Sahli und Peller blieben Reingold, der sich unlängst unter Kurschakoff mit gleichen Fragen ohne jeglicher Berücksichtigung dieser interessanten Arbeiten wieder befaßte, augenscheinlich ganz unbekannt.

der in dieser Zeit mittels dem Gärtnerschen Apparate gemessene Druck (zur Messung nach dieser Methode ist ja das Vorhandensein der Pulswelle nicht notwendig) erscheint aber manchmal sehr hoch (60—70 mm Hg). Augenscheinlich wird der Druck während dieser Zeit daher erhalten, weil die Lichtung der nicht vollständig komprimierten Armarterie so gering ist, daß, obwohl sie keine Pulswellen durchzulassen vermag, die Blutströmung aber durch die bestehenden Seitenkanäle des abgeplatteten Gefäßes beibehalten ist [1]. Es mag vorläufig dahingestellt bleiben, wodurch die Druckerhaltung auf einem für diese Bedingungen relativ hohen Niveau bewirkt wird, — ob das die auf die Tonus wirkende lokale Asphyxie ist, oder ob das die obenbeschriebenen reflektorischen Momente sind — sicher ist nur eins —, daß nämlich dazu keine Pulswellen notwendig sind. Da aber nach der neuen Theorie die Gefäßperistaltik nur als Antwort auf die Erregung der Gefäßmuskulatur durch die Blutwelle entsteht (s. o.), so ist es klar, daß in den nach Gärtner bestimmten Erhöhungen des peripheren Blutdruckes im Versuche Janowskys das „periphere Herz“ absolut keinen Anteil hat.

Die Ergebnisse von Mjassnikow und Müller wurden im Schrifttum speziell von Kurschakoff besprochen, indem er folgendes betonte: 1. die Anwesenheit der vorausgesetzten peristaltischen Welle, welche den Blutstrom in der Arterie während der Kontraktion derselben hebt, kann durch die Manschettenmethode eventuell nicht festgestellt werden, da hier die Kraft in dem ins halbflüssige Milieu versetzten Gefäß von außen nach innen einwirkt, während bei der Potainschen Methode die Arterie gegen eine harte Unterlage gepreßt wird, so daß der Ballon die vorhandene Druckerhöhung festzustellen vermag, 2. das Fehlen des Druckerhöhungsphänomens bei Anwendung von breiten Manschetten wird dadurch erklärt, daß bei der Kompression der Gewebe auf großer Dimension die Kraft der Herzwelle wegen größerer Reibung verbraucht wird, was eine schwache Förderung der Gefäßtätigkeit zur Folge hat, und 3. die von Mjassnikow und Müller gefundene Tatsache, daß die Blutdruckerhöhung nicht während der Geräuschzone, sondern im Moment der dem diastolischen Drucke gleichen Kompression des Armes stattfindet, wird dadurch erklärt, daß zu der Zeit die größte Stauung vorhanden ist, welche als peripherisches Hindernis zur Verstärkung der Gefäßperistaltik führt.

Ich stimme völlig den Überlegungen des letzten Punktes bei, denn sie entsprechen mehr den Vorstellungen der Physiologie, da die von Kurschakoff vermutete Peristaltikverstärkung in diesem Falle vor dem Hindernis, nicht aber, wie es bei Perwoff und Schwarz war, nach demselben auftreten müßte; wie es aber später gezeigt wird, kann eine solche Erhöhung bei einwandfreier Pelottenmethode trotz der Stauung nicht beobachtet werden. Was aber die Meinung Kurschakoffs über die die Herzwelle hemmende Wirkung der breiten Manschette anbetrifft — welche Vermutung augenscheinlich Christen entnommen wurde —, so ist dieses Moment für energometrische Messungen sicher von großer Bedeutung, für das „periphere Herz“ muß es aber ohne jegliche Bedeutung sein. Hier muß ich plus royalist que le roi même werden und die Grundlagen der neuen Kreislauftheorie von ihrem Anhänger verteidigen: laut dieser Theorie wird die Gefäßwelle bei Schwäche der Herzwelle immer stärker, ohne Unterscheidung, wodurch die letzte geschwächt

[1] Dieses Phänomen ist übrigens von v. Benczur bereits 1910 beschrieben und später von Stigler an Kreislaufmodellen nachgeahmt worden. Auch sei hier auf die älteren Experimente von Staehelin und Frz. Müller hingewiesen: Legt man einem Hunde über den Oberschenkel eine Manschette und wird in der letzten der Druck erheblich über den Maximaldruck gesteigert, so fließt aus einer peripher eröffneten Arterie, trotz Fehlen jeglicher Pulswelle, immer noch Blut heraus; entsprechende Erklärungen, welche für unser Thema jedoch kein Interesse bieten, sind von Staehelin in seiner gem. Abhandlung mit Al. Müller gegeben. Es muß überhaupt betont werden, daß der Umstand, der das Verschwinden des Pulses eine Undurchgängigkeit der Arterie noch gar nicht bedeutet, außer den Anhängern der neuen Theorie auch von anderen namhaften Autoren (z. B. v. Basch) gänzlich verkannt worden ist.

wird; dies stellt nämlich den schwächsten Punkt der neuen Theorie dar und wenn nun Kurschakoff daran zweifelt, ob die durch die breite Manschette abgeschwächte Herzwelle eine starke Gefäßwelle erzeugen kann, so haben diese Zweifel festen Boden und sie treten bei jedem Gegner der neuen Theorie auf (man denke daran, daß das „periphere Herz“ nach Janowsky besonders bei Herzschwäche stark arbeitet), denn falls die Gefäßsystole eine Antwort auf die Dehnung des Gefäßes durch die Herzwelle darstellt, so müßte eine schwache Herzwelle die Gefäßwelle nicht erwecken, sondern erlöschen. Mit der Frage über die Reizbarkeitschwelle der Gefäßmuskulatur (im Sinne einer aktiven Systole) ist man ja aber heutzutage sogar nicht am Anfang. Die Meinungsäußerungen Kurschakoffs darüber, warum die Manschette nicht das festzustellen vermag, was vom Pelott festgestellt wird, können hier nicht besprochen werden, da sie keinen reellen Grund haben und zum Gebiete reiner Spekulation gehören.

Indem der geringe Wert der Manschettenmethoden bei der Messung auf gestauten Geweben bewiesen und Schwarzs Versuche diskreditiert wurden, vermochten jedoch auch die Versuche von Mjassnikow und Müller aus denselben Gründen, die Frage über die An- oder Abwesenheit der aktiven Blutförderung durch die Gefäße genügendermaßen nicht zu lösen. Die Versuche von Perwoff, welcher, wie erwähnt, mit einem „Potain“ arbeitete, blieben hiermit unberührt, da es nämlich klar ist, daß für eine Pelottenmethode die Gewebsstauung bei großer Anzahl der Fälle keine hervorragende Rolle spielen kann, weil die sich zwischen dem Pellott und der Arterie befindende Schicht relativ dünn ist. Derartiges Material finden wir gleichfalls bei den Mitarbeitern Langs. Versuche mit der Potainschen Pelotte, welche von Mjassnikow, Müller und Petrow angestellt wurden, bestätigten vor allem die alte Tatsache von Gallavardin, Straub und Sahli, daß die Pelottenmethode mit dem Potainschen Ballon nicht genügend exakt für gewöhnliche, geschweige denn für eine wissenschaftliche Arbeit ist. An einem ziemlich großen Material wurden alle Fehlerquellen geprüft; es wurde bewiesen, daß bei der Stenosierung des Armes nach Janowsky die mit Hilfe von Potain erhaltenen Zahlen so bunt erscheinen, daß daraus keine Schlüsse außer der Unbrauchbarkeit der Methodik zu ziehen sind; es muß doch darauf hingewiesen werden, daß, so bunt die Schlüsse von Mjassnikow, Müller und Petrow auch sind, eine zweifellose Blutdruckerhöhung in den Versuchsbedingungen nach Janowsky doch festgestellt werden kann. Ich kann den Autoren aber nicht zustimmen, daß hier die Gewebsstauung eine Rolle spielen könne und daß zum Nachteil der Methodik auch die Möglichkeit einer ungenügenden Zurückpressung der von den Ulnarbogen kommenden retrograden Welle hinzugezählt werden muß — dasselbe erscheint mir als elementare Forderung der richtigen Technik bei der Arbeit mit der Pelottmethode und müßte diese doch einem jeden gut bekannt sein; solche Überlegungen dürften eigentlich nicht in Betracht kommen. Es erscheint mir viel einfacher, alles nur durch die Unexaktheit des Apparates zu beweisen, besonders wegen der nicht immer richtigen Verhältnisse der Arterie zum Ballon (vgl. Sahli).

Somit blieben die Schlüsse Perwoffs nicht sicher widerlegt, und die Frage blieb dennoch unentschieden; allein es war dabei absolut klar, in welcher Richtung die nötigen Untersuchungen zu führen sind: es mußten vor allem die von Perwoff angegebenen Tatsachen auf klinischem Material nachgeprüft werden, dabei mit einer solchen Methode, die einerseits genügend exakt, andererseits aber nicht durch die sich in solchen Versuchen einstellende Stauung beeinflußbar wäre. Die einzig passende Methode schien mir die Methode Sahlis zu sein; es ist hier nicht der Ort, über die Vorzüge dieser Methode zu diskutieren und die Einzelheiten der Einrichtung seiner neuen Pelotte zu beschreiben (alles das ist ausgezeichnet vom Verfasser selbst in diesen Ergebnissen Bd. 24 ausgeführt) — ich möchte nur darauf hinweisen, daß, wenn die Bolometrie bei weitem nicht von allen Klinikern, vielleicht mit gewissem Recht, anerkannt ist, doch die Messung des systolischen Druckes (welche ja nur allein in folgenden Studien in Frage kommt) mit der Sahlischen Pelotte zu unseren Zwecken wohl am besten paßte.

In meinen mit Sahlischem Apparate durchgeführten Untersuchungen konnte ich die Ergebnisse der mit dem Potainschen Apparate gearbeiteten Forscher (weder des Anhängers der neuen Theorie — Perwoffs, noch deren Gegner — Mjassnikows, Müller und Petrows) nicht bestätigen: Nur in Ausnahmefällen ist es mir gelungen, eine peripherische Druckerhöhung im Versuche Janowskys zu beobachten, wobei dies weder bei Aorteninsuffizienz (vgl. Abb. 3) noch bei Hypertension (vgl. Abb. 4) und mäßiger Sklerose, geschweige denn bei gesunden

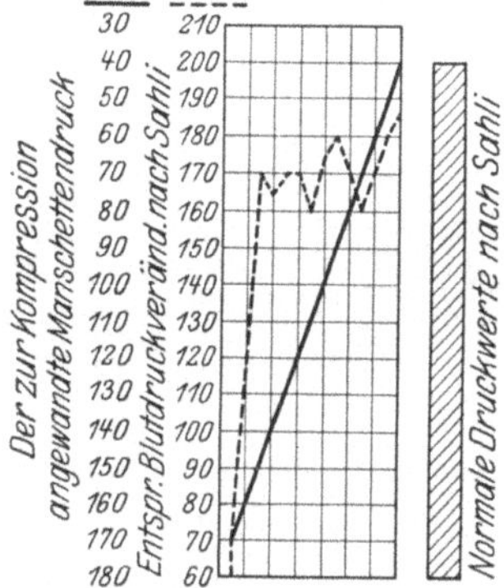

Abb. 3. Sphygmomanometrie des Versuchs Janowskys mit dem Sahlischen Apparate. V.K. ♂. Insuff. Vv. aortae. (Nach Frenckell.)

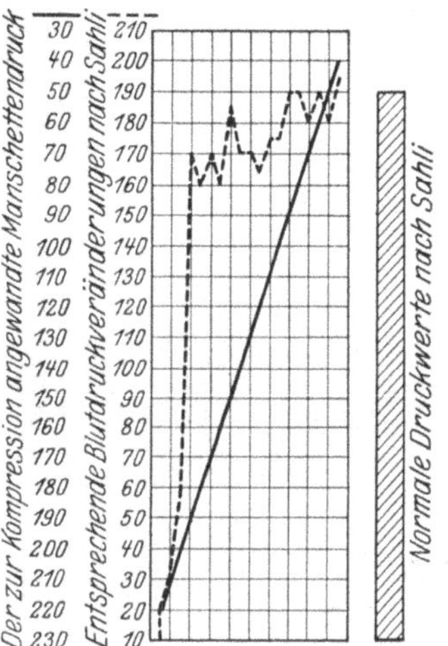

Abb. 4. Sphygmomanometrie des Versuchs Janowskys mit dem Sahlischen Apparate. H. A. ♀. Hypertonie. (Nach Frenckell.)

Personen stattfand (vgl. Abb. 5). Also gerade bei denjenigen Erkrankungen, wo das „periphere Herz“ besonders stark arbeiten soll, fehlte der Hauptzeuge dieser Arbeit; diese Tatsache erscheint als Beweis dafür, daß das peripherische Hindernis in Form von Venenstauung nicht als ein die Gefäßperistaltik steigernder Faktor aufgefaßt werden darf, wie das Kurschakoff vorausgesetzt hat (s. o.). Von besonderem Interesse erscheint der Umstand, daß fast in allen Fällen von schwerer Sklerose (hohes Alter, stark geschlängelte außerhalb der Pulswelle palpable Gefäße) in meinen Versuchen das Phänomen der Druckerhöhung an der Radialis bei gewissen Stenosierungsgraden des Oberarmes sehr deutlich zum Vorschein kam (s. Abb. 6); es erscheint daher besonders interessant, weil derartige Fälle nach der neuen Theorie auf Grund dieser Druckerhöhung zu den Fällen mit stark arbeitendem „peripheren Herzen“ gezählt werden müssen, ihre Muscularis aber stark substituiert ist (vgl. auch Leschke). Daher kann diejenige Erhöhung (welche manchmal 30 mm Hg erreicht) am leichtesten durch herabgesetzte Dehnbarkeit der sklerosierten Gefäße (Straßburger, Hwiliwitzkaja) erklärt werden resp. durch geringere Amortisation der Pulswelle, was bei aufgehörtem Venenblutabflusse (Armkompression) zu gewissen Blutdruckanstiegen infolge der Verstärkung der Wasserschlagwirkung (im Sinne Staehelin-Müller) führen kann. Dies ist aber nur eine Vermutung, in keinem Falle eine Behauptung, und ich will dabei nicht beharren, um so weniger, als diese Erhöhung sogar vom Standpunkte der neuen Theorie mit der Gefäßperistaltik auf Grund des Obenerwähnten nichts zu tun hat. Es sei noch bemerkt, daß bei einer jungen und in organischer Hinsicht gefäßgesunden neuropathischen Patientin ich im Versuche Janowskys einen deutlichen Druckanstieg feststellen konnte; die sofort auf dem anderen Arme mit demselben Apparat ohne jegliche Stenosierung vorgenommene Messung ergab eine fast ebenso große Druckerhöhung[1]; nach etwa 1 Minute kam der Druck auf beiden Armen zur Norm zurück. Dieser Fall ist sehr demonstrativ insofern, als er zeigt, welch eine große Rolle die rein reflektorischen Momente für den verwickelten Komplex der Blutdruckschwankungen

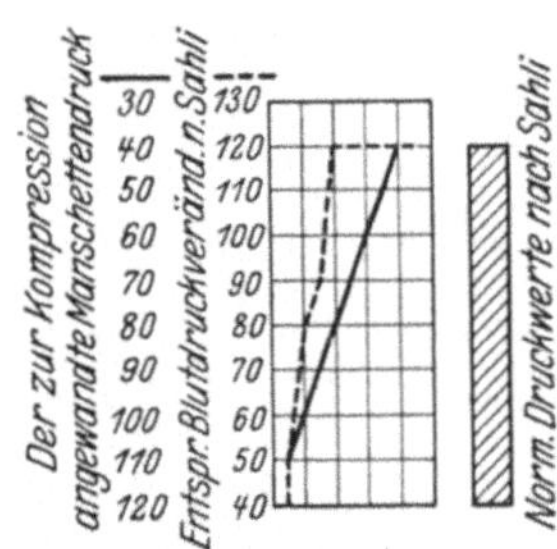

Abb. 5. Sphygmomanometrie des Versuchs Janowskys mit dem Sahlischen Apparate. M. K. ♂. Sonus. (Nach Frenckell.)

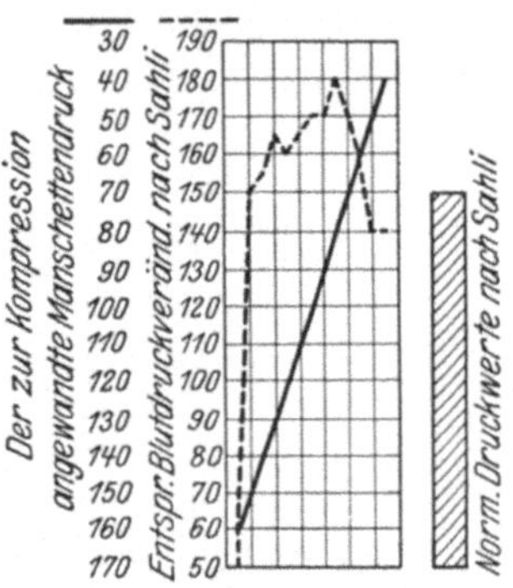

Abb. 6. Sphygmomanometrie des Versuchs Janowskys mit dem Sahlischen Apparate. G. J. ♀. Arteriosklerose. (Nach Frenckell.)

haben können (vgl. auch Gallavardin, Josué), und wie vorsichtig man mit der Deutung der letzten sein muß. — Ich bin geneigt mein Material in Hinsicht der klinischen Sphygmanometrie der Versuche Janowskys natürlich nicht daher für demonstrativ aufzufassen, weil es eben mein Material ist, sondern nur deswegen, da die Sahlische Methode bei der Analyse der systolischen Druckänderungen bei Stauungsversuchen — wie es jedermann klar ist —, natürlich den kleinsten Fehler gibt.

Daß es gerade der Fall ist, konnte durch ähnliche experimentelle Untersuchungen, welche wir gemeinsam mit Arjeff durchführten, vollständig bestätigt werden.

Die erste Versuchsserie wurde auf Tieren mit ungeschädigtem Kreislaufsystem angestellt, wobei alle Faktoren, die nur irgendwie auf den Kreislaufprozeß von Wirkung sein konnten, in Betracht gezogen wurden; es wurde daher ein Teil der Versuche unter Morphin, ein anderer Teil unter Äthernarkose, ein dritter dagegen ohne Narkose angestellt. Die Versuche bestanden darin, daß auf blutigem Wege der Druck in einer Arterie gemessen wurde; darauf folgte eine langsam zunehmende isolierte Stenosierung der Arterie oberhalb der Blutmessungsstelle bis zu vollständigem Verschluß der Gefäßlichtung mit einem ebenso langsamen Auseinanderdrücken des Gefäßes bis zu seiner normalen Breite; dabei wurden

---

[1] Ähnliches findet man auch bei Mjassnikow und Müller. Unlängst habe ich außerdem erfahren können, daß Dmitriewa und Rastorguewa-Michnowa (unter Kurschakoff) feststellten, daß der Blutdruck während der Versuche Janowskys in 70% der Fälle auch auf der anderen Hand (wenn auch nicht so stark wie auf der Versuchshand) ansteigt.

alle Blutdruckveränderungen unterhalb der Stenosierungsstelle untersucht. Um der möglichen Entstellung der erhaltenen Bilder durch die Veränderung des Blutdruckes vorzubeugen, wurde gleichzeitig in gleichem Punkte des freien Gefäßes der Blutdruck immer parallel abgelesen.

Die Entfernungen vom Stenosierungsort bis zum Druckmessungsort waren die verschiedenartigsten — von den kleinsten (gleich den beiden nebeneinander liegenden Manschetten s. o.) bis zu sehr erheblichen, wenn z. B. die A. iliaca stenosiert, der Blutdruck aber in der A. tibialis gemessen wurde. Es wurden verschiedene technische Varianten der Blutdruckmessung verwandt: die endständigen, die seitlichen (in kleinen Abzweigungen) und schließlich die T-förmigen Kanülen.

Es konnte aber in keinem Falle auch nur geringste Blutdruckerhöhung festgestellt werden — der Druck fiel unveränderlich beim Stenosieren ab und kehrte erst nach Aufhebung derselben zur Norm zurück (s. Abb. 7).

Unsere erste Arbeit erschien 1927 und wurde seitens der Anhänger der neuen Theorie höchst unwillig entgegengenommen, was sich in einer Reihe von Vorwürfen auf dem 10. Allrussischen Internistenkongreß äußerte und auch darin, daß N. Schwarz einen großen kritischen

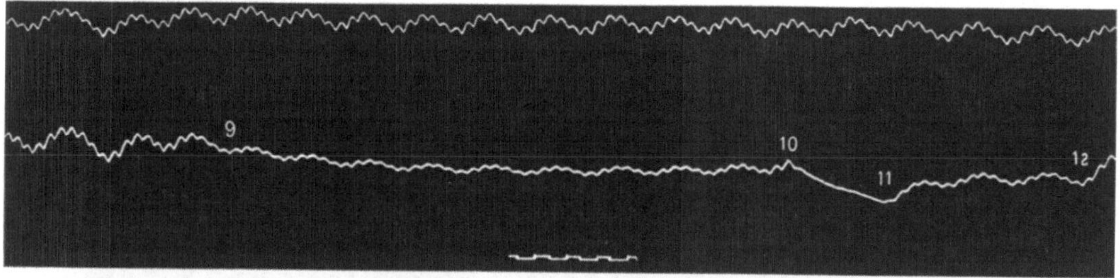

Abb. 7. Blutige Sphygmomanometrie des Versuchs Janowskys an einer normalen Katze. Obere Kurve: rechte Pfote (Kontrolle), untere Kurve: linke Pfote (Versuch); Blutdruckmessung im unteren Abschnitte der Art. cruralis, Stenosierung des oberen Abschnittes der Art. iliaca. Bei 9: schwache Kompression; 10: starke Kompression; 11—12: langsam zunehmendes Auseinanderpressen bis voller Lichtung. Kein Blutanstieg während der Kompression. Zeitmarkierung 1″. (Nach Arjeff und Frenckell.)

Aufsatz unserer Publikation widmete. Jedoch zeugen alle Auseinandersetzungen, mittels welchen man die Beweiskraft der von uns erhaltenen Resultate widerlegen wollte, von solcher Unerfahrenheit ihrer Autoren auf dem Gebiete der experimentellen Physiologie, daß ich hier überhaupt nicht näher darauf eingehen kann. Ich bin aber gezwungen, nur ein Moment doch zu besprechen, da damit eigentlich in Frage gestellt wird, ob überhaupt so eine Abhandlung, wie die vorliegende, ein Recht zum Erscheinen hat. Es wurde nämlich darauf hingewiesen (Schwarz), daß es unerläßlich ist, die am Krankenbette bezüglich des „peripheren Herzens" gewonnenen Resultate im Tierexperimente nachzuprüfen. Ich muß aber dringend die Aufmerksamkeit darauf lenken, daß die Frage der aktiven Förderung des Blutstromes durch die Gefäße eine prinzipiell rein physiologische Frage ist und man hat sie nur durch klinische Beobachtungen zu stützen versucht. Um so mehr muß man bedauern, daß die Worte Janowskys, welche über die Theorie des „peripheren Herzens" seinerzeit niedergelegt wurden, von seinen Schülern gänzlich vergessen sind: „Diese Auffassungen stützen sich auf Angaben, welche mit klinischen und also recht unexakten Methoden gewonnen wurden. Sie stellen deswegen eher ein klinisches Postulat für weitere experimentelle Forschungen dar, als eine streng bewiesene Tatsache."

Im Rahmen unseres Themas ist vielmehr die Frage von Wichtigkeit, ob das von uns zu Versuchszwecken gewählte Gefäßgebiet bei diesen Tierarten geeignet erscheint, d. h. ob die von uns zum Experiment benutzten Gefäße einen elastischen — oder Muskelbau besitzen. Der untere Abschnitt der A. iliaca, die ganze A. femoralis und alle unten gelegenen Arterien haben aber bei Katzen und Hunden (an welchen wir experimentierten) einen Muskelbau (vgl. Tannenberg und Fischer-Wasels); also ist auch hier alles günstig, und ich will von weiterer Besprechung dieser Versuche Abstand nehmen.

Wir haben aber gemeinsam mit Arjeff und Archangelskaja noch viele andere Untersuchungen angestellt, in denen im Kreislaufsystem des Versuchstieres solche Veränderungen erzeugt wurden, welche nach der neuen Theorie das Auftreten aller Phänomene des „peripheren Herzens" hätten zutage bringen müssen. Es wurde, wie gesagt, seitens der Anhänger dieser Theorie mehrfach darauf hingewiesen, daß die Arbeit des „peripheren Herzens" resp. die Erhöhung des peripherischen Druckes im Versuch Janowskys besonders deutlich in Fällen von Aorteninsuffizienz zum Vorschein kommt (s. o.). Da die Aorteninsuffizienz derjenige Herzfehler ist, der an Hunden besonders leicht mittels der von Rosenbach vorgeschlagenen und von uns speziell modifizierten „Valvulotomie" erzeugt wird, so erschien es uns nicht schwer, auch diese Voraussetzungen experimentell nachzuprüfen. Da nun die Frage, wann das „periphere Herz" eigentlich seine Rechte antreten muß — gleich nach der Entwicklung des Klappenfehlers, als der linke Ventrikel noch keine kompensatorische Veränderungen aufweist, oder etwa später, wenn eine Hypertrophie der Gefäßmedia bereits eingetreten ist —, noch nicht geklärt ist, so stellten wir unsere Versuche an Aorteninsuffizienzfällen verschiedenster Dauer an (von akuten Experimenten — sogleich nach dem Abreißen der Klappen an, bis zu Versuchen monatelanger Frist nach der Operation, wo wir immer

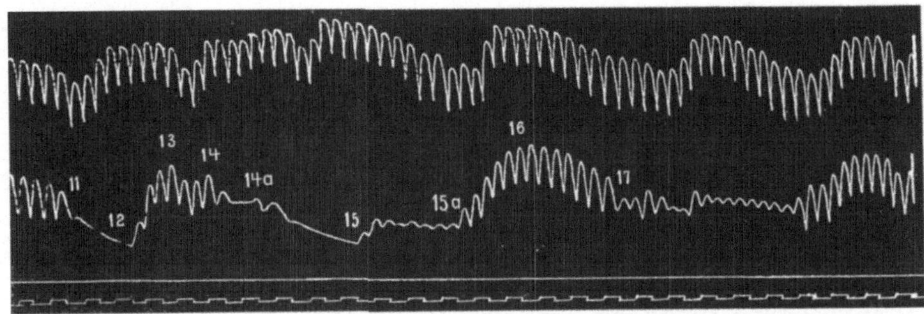

Abb. 8. Blutige Sphygmomanometrie des Versuchs Janowskys an einem Hunde mit artifizieller Aorteninsuffizienz. Obere Kurve: linke Pfote (Versuch); untere Kurve: rechte Pfote (Kontrolle); Blutdruckmessung in der Art. tibial.; Stenosieren des oberen Abschnittes der Art. cruralis. Von 11—17: verschiedene Stenosierungsgrade, bei 13: volle Lichtung. Kein Druckanstieg während der Kompression. Zeitmarkierung 1". (Nach Arjeff, Frenckell und Archangelskaja.)

eine schöne Herzhypertrophie, diastolisches Geräusch an der Herzbasis und Duroziez-Traube sche Erscheinungen an großen Gefäßen beobachten konnten). Das Janowskysche Phänomen konnten wir aber nirgends beobachten (s. Abb. 8). Zweimal ist es uns geglückt, eine Herztamponade mittels Ventrikeldurchriß zu erzeugen — allein wir haben auch in diesen Fällen, wo das Herz sehr gelitten hat (ein Hund lebte mit einem Hämoperikard mehrere Tage), niemals einen lokalen Druckanstieg peripherwärts von der künstlichen Stenose erzeugen können (Abb. 9). Auch bei akuten Blutverlusten, wo die Rolle der Gefäße sicher von größter Wichtigkeit ist, fielen die Resultate im Sinne Janowskys immer negativ aus.

In einer ein halbes Jahr später erschienenen Arbeit konnte Waldmann unsere Versuche an normalen Tieren völlig bestätigen; leider fehlt seinen Kurven eine Kontrollaufzeichnung des Blutdruckes überhaupt.

Durch eine sehr interessante, neulich von Sčukareff und Zawodskoy in deutschem Schrifttum veröffentlichte Abhandlung fanden unsere Auffassungen eine weitere Bestätigung. In ihren Versuchen an Hunden erhielten diese Autoren in 50 Fällen bei einer isolierten Stenose der Arterie[1] überhaupt keine, in 4 Fällen eine sehr geringe Druckerhöhung auf der Peripherie. Im Gegenteil führte das Einschnüren einer Extremität und sogar — was besonders wichtig ist — das Einschnüren derselben mit einem unterhalb der Zufuhrarterie (ohne Stenose derselben) angelegten Gummischlauche fast beständig zur Erhöhung des

[1] Sogar bei vorhergegangenem Adrenalinisieren des Versuchstieres, was nach der neuen Theorie (vgl. Luisada und Tremonti) die Arbeit des „peripheren Herzens" verstärken soll.

arteriellen Druckes in den betreffenden Gegenden (s. Abb. 10). Es sei aber bemerkt, daß diese Tatsache die von den Schülern Langs (s. oben) aufgestellten Folgerungen nicht stützt, weil dort eine scheinbare Erhöhung aus extravasalen Gründen zum Vorschein kam, während hier ein unzweifelbares Anwachsen des intravasalen Druckes registriert wurde; die Angaben von Šcukareff und Zawodskoy konnten wohl eher die obenerwähnten

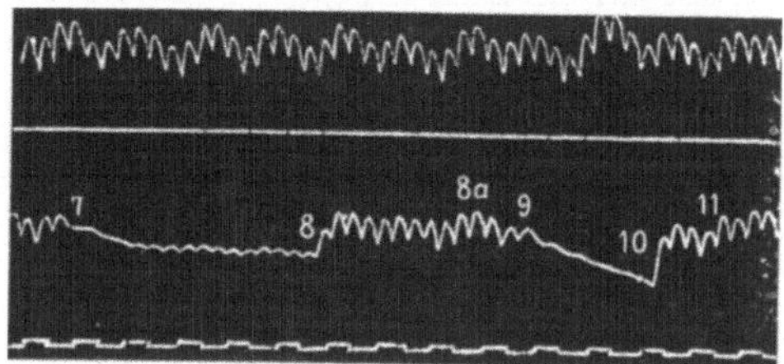

Abb. 9. Blutige Sphygmomanometrie des Versuchs Janowskys an einem Hunde mit Herztamponade. Obere Kurve: rechte Pfote (Kontrolle), untere Kurve: linke Pfote (Versuch); Blutdruckmessung im unteren Abschnitt der Art cruralis, Stenosierung der Art. iliaca. 7, 8, 9 und 10: verschiedene Stenosierungsgrade; 8a und 11: volle Lichtung. Kein Druckanstieg während der Kompression. Zeitmarkierung 1''. (Nach Arjeff, Frenckell und Archangelskaja.)

Vermutungen Kurschakoffs über die gefäßperistaltikverstärkende Wirkung der venösen Stauung begründen. Solange es aber vorläufig unmöglich ist, diese Erscheinungen von den reflektorischen Tonusänderungen abzugrenzen, muß von der Verwertung derselben vom beliebigen Standpunkte Abstand genommen werden. Daß eine Verhinderung des Venenabflusses auf den arteriellen Druck in entsprechendem Gebiete steigend wirken

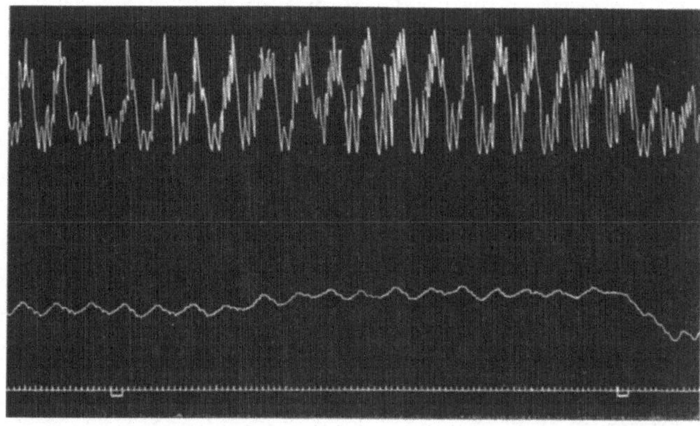

Abb. 10. Blutige Sphygmomanometrie des modifizierten Versuchs Janowskys an einem normalen Hunde. Zwischen den Signalzeichen Kompression des Oberschenkels mit einer Gummibinde, die unterhalb der herauspräparierten Art. femoralis angelegt wurde. Obere Kurve: Art. femoralis, untere: Art. tibialis. Druck in der Art. tibialis: 33 – 40 – 42 mm Hg.
(Nach Šcukareff und Zawodskoy.)

kann, ist übrigens bereits von v. Spalteholz (vgl. ferner Lichtheim, sowie Welch), jedoch ohne Heranziehen des „peripheren Herzens" hervorgehoben worden. Es muß noch hinzugefügt werden, daß Šcukareff und Zawodskoy beim Manipulieren auf einer Pfote außerdem noch eine Druckerhöhung auf der anderen beobachteten, was sie zu einer ganz richtigen Folgerung brachte, daß hier auch noch reflektorische Momente wirken könnten, was im besten Einklange mit meinen Beobachtungen am Krankenbette steht (s. oben). Mit keinem einzigen Worte äußern sich die genannten Forscher zugunsten des „peripheren Herzens"; die Objektivität dieser Arbeit ist um so mehr beachtenswert, als sie Janowskys Schüler sind und zu den Anhängern der neuen Theorie gehören.

Zusammenfassend darf ich also behaupten, daß heutzutage als völlig bewiesen erscheint, daß das Phänomen der peripherischen Blutdruckerhöhung unterhalb der künstlich erzeugten Gefäßstenose, welches von Janowsky und seinen Schülern als eine der der hauptsächlichsten Arbeitsäußerungen und Beweise des Vorhandenseins des „peripheren Herzens" beschrieben ist, ein Artefaktum darstellt, dessen Entstehungsgründe uns zur Zeit genug bekannt sind und nach deren Beseitigung dieses Artefaktum niemals stattfindet.

3. Die Hochdruckstauung.

Jeder Kliniker wird wohl sicher beobachtet haben, daß der Blutdruck in gewissen Fällen von Kompensationsstörungen paradoxe Veränderungen durchmacht: er steigt nämlich im Dekompensationsstadium, um mit Schwinden von Zeichen derselben wieder abzufallen.

Diese mit den älteren Auffassungen Cohnheims in Widerspruch stehende Erscheinung, welche v. Bergmann und F. Kaufmann, im Gegensatz zur Mehrzahl anderer Autoren, als eine Seltenheit auffassen und welcher Sahli die treffliche Bezeichnung der „Hochdruckstauung" zueignete, ist besonders von mehreren Schülern Janowskys (Kolossow, Zyplajew, Dr̆zewetzky, Kryloff u. a.), so auch von Lang und Manswetowa, Frehse, Fr. Müller, Cobet u. a. studiert worden.

Die Anhänger der neuen Blutkreislauftheorie (Janowsky, Perwoff u. a.) haben zur Erklärung dieses Phänomens eine sehr eigenartige Voraussetzung vorgeschlagen, die jedoch sogar den Vorstellungen über die peristaltische Gefäßwelle nicht entspricht: Sie stellen sich nämlich die Sache so vor, daß bei normalen Bedingungen der Blutumlauf dank der strengen Arbeitskoordination des zentralen und des „peripheren" Herzens vor sich geht (die Gefäßwelle wird von der Herzwelle erweckt). Bei pathologischen Umständen geschieht eine Dissoziation und die beiden Herzen fangen an, sozusagen „das eine gegen das andere" zu arbeiten, was ein Emportreiben des Blutdruckes zur Folge hat. Mit dem Einsetzen der verlorenen Koordination sinkt der Druck. Von diesem Standpunkt ausgehend, wäre nicht die Hochdruckstauung die Folge der Dekompensation, sondern die Dekompensation selbst stelle ein Resultat der Druckerhöhung dar. Da in solchen Fällen das zentrale Herz mit Überschuß arbeitet (Janowsky), meinten die Anhänger der neuen Theorie, die Gründe der Kompensationsstörung nicht in der Insuffizienz der Herzenergie, sondern in ihrer unzweckmäßigen Anwendung suchen zu müssen, etwa ähnlich dem, wie beim Ataktiker die Bewegungsstörung nicht vom Fehlen von Muskelarbeit, welche ja in größerem Maße als beim Gesunden verbraucht wird, sondern von unzweckmäßigem Verbrauch derselben abhängt (Janowsky).

Die Koordinationsstörung eines rhythmisch arbeitenden Systems bezeichnet man als Arhythmie. Daher ist einer solchen Anschauung naheliegend, die Frage über die Möglichkeit isolierter Gefäßarhythmie bei gleichzeitigem regelmäßigem Herzrhythmus aufzuwerfen. Nur in diesem Falle könnte es im peripheren Kreislaufsystem zu solchen Erscheinungen kommen, welche der von Wenckebach beschriebenen „Vorhofpfropfung" analog wären, was zum Ansteigen des Blutdruckes führen könnte; wenn wir aber die Möglichkeit eines frühzeitigen — vor dem Ende der Herzsystole — Eintretens der Gefäßkontraktion (Janowsky) vom Standpunkte des „peripheren" Herzens" theoretisch vielleicht zulassen könnten, so darf doch die Frage aufgestellt werden, was eigentlich als Impuls für das Auftreten der Gefäßsystole in denjenigen Fällen von „Dissoziation" dient, wo nach Djakoff die Herz- und Gefäßsystole gleichzeitig einsetzen können. Die Theorie der peristaltischen Welle schließt eine analoge Möglichkeit aus, da, wie aus Vorhergehendem erleuchtet, als normaler Schrittmacher des „peripheren Herzens" ja die Herzwelle angenommen wird. Somit scheint mir solche Erklärung der Hochdruckstauung vom Standpunkt der neuen Theorie als ungenügend, — widrigenfalls müßte der letzten noch eine Ergänzung im Sinne einer vollständigen Unabhängigkeit der Gefäßwellenentstehung hinzugefügt werden; allein eine solche Voraussetzung stände in noch größerem Widerspruch mit der modernen Physiologie. Läßt man aber diese Ergänzung weg, so erscheint die erwähnte Erklärung der Hochdruckstauung als lückenhaft. Bemerkenswert ist auch die Hervorhebung Waldmanns: Will man der Janowskyschen Schule beistimmen und also annehmen, daß die Hochdruckstauung durch eine „Dissoziation der Herztätigkeit und der peripheren Gefäße" bedingt ist, — d. h. durch einen zu frühen Eintritt der evtl. Arterienkontraktion (wenn die Aortenklappen noch nicht geschlossen sind), oder aber durch eine zu späte Anhäufung von peristaltischen (den Anfang der nächsten Herzkontraktion deckender) Arterialwellen —, so müßte man, in Anbetracht der gefäßsystolischen Deutung der dikroten Welle, wie es von den Anhängern der neuen Theorie gemacht wird (s. Abschnitt III), bei der Hochdruckstauung immer den Pulsus durus ohne dikrote Welle haben. Die Beobachtungen Waldmanns zeigten aber, daß in diesen Fällen auf Schritt und Tritt deutlich dikrote Pulskurven aufgenommen werden können. Somit schließt die von der neuen Theorie zur Deutung der dikroten Welle vorgeschlagene Erklärung eine solche für die Hochdruckstauung aus — und umgekehrt. Einige Schüler Janowskys waren jedoch zurückhaltender als ihr Lehrer; so schreibt Kolossoff: „es ist möglich anzunehmen, daß in einigen Fällen die Kompensationsstörung ausschließlich von der Störung der harmonischen Verbindung zwischen den einzelnen Herzteilen und zwischen ihm und den Gefäßen abhängig ist. Das alles ist aber vorläufig nur eine Hypothese. Wir haben noch sehr wenig Tatsachen, die für die geäußerten Voraussetzungen zu sprechen vermögen. Daher ist vorläufig nur zu sagen, daß beim Schwinden von Stasen nach Behandlung mit Herzmitteln (von mir unterstrichen!) der Blutdruck fallen kann." Die Vorstellungen Janowsky schienen in der letzten Zeit besonders dadurch an Boden zu gewinnen, als die von Sahli auf dem 19. Internistenkongresse vorgeschlagene Erklärung dieser Erscheinung, laut welcher die Hochdruckstauung ein Resultat der Vasomotorenzentrum erregenden Wirkung der Dyspnoe biete, nicht mehr von allen Seiten Anerkennung zu finden scheint. So haben Frehse und Loschkarewa feststellen können, daß zwischen dem „Plusphänomen" und dem Grade der Dyspnoe kein Zusammenhang besteht. Frehse schreibt sogar, daß man „unter einer großen Anzahl von Herzkranken mit stärkster Cyanose und Dyspnoe nach Kranken suchen muß, die als Beispiele dieser Art der Hochdruckstauung angesprochen werden könnten"; man gewinnt den Eindruck, daß Dyspnoe und Hochdruckstauung eher einander ausschliessen.

Damit stimmen die Auffassungen Lichtwitzs überein, welcher bei der Hochdruckstauung nicht die Veränderungen der Kohlensäurespannung im Blute, sondern dem erhöhten Milchsäuregehalt das Hauptgewicht beilegt; auch Plesch behauptet, daß das cyanotische Blut kaum einen geringeren Sauerstoffgehalt als das normale aufweist. Somit erfreut sich diese Vorstellung von der Rolle der Kohlensäure in der Pathogenese der Hochdruckstauung nicht mehr der Anerkennung. Damit ist es aber nicht gesagt, daß man die Theorie des „periphern Herzens“ anzuerkennen gezwungen ist, denn die alte Kreislauftheorie besitzt meines Erachtens eine einfachere und weniger hypothetische Erklärung dieses Syndroms. Bereits in der alten Arbeit von Lang und Manswetowa, welche, obwohl sie auch in deutschem Schrifttum veröffentlicht wurde, merkwürdigerweise ganz vergessen zu sein scheint, sind diejenigen Tatsachen zu lesen, welche die Basis zur Erklärung der Genese der „Hochdruckstauung“ bilden. In dieser Arbeit ist mit unzweifelhafter Augenscheinlichkeit die Tatsache geäußert, daß die Blutdruckerhöhung in der Dekompensationsperiode eine Regel bei Mitralfehlern und bei Emphysematikern darstellt, dagegen aber bei arteriosklerotischen und aortalen Herzinsuffizienzen nicht vorkommt.

Bei der Analyse obenerwähnter Dissertationen der Janowskyschen Schule bekommt man gleichfalls entsprechende Tatsachen: Zieht man nur Fälle reiner Mitralstenose und Aorteninsuffizienz — welche aus den weiter geschilderten Gründen das Hauptinteresse hier darstellen — in Betracht, so erscheint z. B. nach Zypljajeff, daß die Mitralstenose nach Wiedereinstellung der Kompensation in 65% eine Drucksenkung und niemals einen Druckanstieg gibt, dagegen wird bei Wiedereinstellung der Kompensation bei Aorteninsuffizienz immer eine Druckerhöhung beobachtet. Das nach günstigem und ungünstigem Verlauf geordnete Material von Kryloff besagt dasselbe: Mitralstenose mit günstigem Verlauf geht in 75% mit Blutdrucksenkung einher, mit ungünstigem Verlauf bleibt der Blutdruck entweder unverändert oder wird erhöht, kommt aber nie zum Abfall. Behält man noch den Umstand im Auge, daß vorsichtige Digitalisdosen den Blutdruck bei der Hochdruckstauung herabzusetzen vermögen (Sahli, Fr. Müller, Zypljajeff, Edens), und denkt man an die oben beschriebenen Verhältnisse zwischen der Dyspnoe und der Hochdruckstauung, so wird wohl der Gedanke nahe liegen, eine isolierte Schwäche des rechten Herzens bei der Hochdruckstauung anzunehmen (vgl. Lang und Mauswetowa). Diese Voraussetzung gewann besonders an Boden dank den Erfolgen der neueren Zeit, indem eingehend nicht nur die Möglichkeit einer Arbeitsdyssoziation der beiden Herzhälften (Hofmokl, v. Openchowski, Kraus und Nikolai, Knoll, Pletnew u. v. a.), sondern auch ein sicheres Vorhandensein von isolierter Schwäche des rechten und linken Herzens geklärt wurde; dies wurde einmal durch die neueren tanatologischen Beobachtungen Schorrs und zweitens durch den glänzenden Handgriff Pletnews der intravitalen Differentialdiagnostik isolierter Thrombosen der rechten resp. linken Coronararterien zum Vorschein gebracht; im letzten Fall schafft die Natur solche Bedingungen, die ihrer Beweiskraft nach einem pathophysiologischen Versuch gleichkommen: Thrombose der rechten Arterie = Schwäche des rechten Herzens: große Leber, trockene Lungen; Thrombose der linken Arterie = Schwäche des linken Herzens: Lungenödem, ungestaute Leber. Im Einklang damit besteht also bei der Hochdruckstauung im großen Kreislaufe annähernd dasselbe, was im kleinen Kreislaufe hauptsächlich (nicht ausschließlich!) das Asthma cardiale verursacht (vgl. Rubow,

L. Hess, Straschesko u. a.). Infolge der Stauung im venösen Gefäßsystem werden die Präcapillaren geschlossen und schränken den arteriellen Blutzufluß in das überfüllte venöse Flußbett ein. Als Folge erscheint der Ausgangshahn des arteriellen Systems verschlossen, was bei genügender vis a tergo zur Druckerhöhung in der arteriellen Hälfte führt, wobei infolge des erhöhten Widerstandes an der Peripherie der linke Ventrikel sich sogar stärker kontrahieren kann (Lang und Manswetowa).

Beim Schwinden der Dekompensation werden die Venen entlastet, die Präcapillaren kommen in eine normale Lage zurück und der arterielle Druck fällt. Es erscheint noch zweifelhaft, unter welchen Bedingungen in diesen Fällen der Ausgang aus dem arteriellen System ins venöse verschlossen erscheint (vgl. hier auch die Auffassungen Gallavardins über capillaro-venöse Stasen). So denken Potain, Uskoff und Zondek, nämlich, daß die Blutdrucksenkung während der Kompensation vielleicht ein Resultat der Befreiung der Gewebe von der die Capillaren zusammenpressenden Flüssigkeit ist — eine Auffassung, welche um so mehr an Boden gewinnt, als die blutdrucksenkende Wirkung der gefäßerweiternden Mittel bei der Hochdruckstauung ausbleiben kann (Janowsky). Auch für diese Grundlagen ist eine genügende vis a tergo seitens des linken Ventrikels nötig, was mit der oben angestellten Auffassung übereinstimmt. Im besten Einklange damit stehen auch die Ergebnisse von Kolossoff und Držewetzki, welche finden konnten, daß bei der Dekompensationsbehandlung mit Herzmitteln die Diurese sich gewöhnlich nicht mit einer Druckerhöhung, sondern mit einem Druckabfall einstellt; nach Zypljajeff geht sogar die Diurese dem Blutdruckabfall voran. Auch von Kryloff wird der Umstand betont, daß, wenn bei einem Herzkranken mit Kompensationsstörung und allgemeinen Stauungserscheinungen das Coffein eine zum Ödemschwinden genügende Diurese hervorruft, der Blutdruck dabei fällt; Sahli hat ja seinerzeit betont, daß von kardialen Stauungen sich hauptsächlich Hochdruckstauungen für die Coffeinbehandlung eignen. Da die von Kryloff hervorgehobene Gesetzmäßigkeit nicht von allen Autoren notiert ist (es läßt sich z. B. fragen, warum diese Kompressionswirkung bei den nephrotischen Ödemen ausbleibt), so erscheint bei der Hochdruckstauung eine aktive Kontraktion der Präcapillaren als ein einfacher Blutverteilungsakt höchst wahrscheinlich — eine Auffassung, welche nach den Mitteilungen von Mautner und Pick, Barcroft, Eppinger und Schürmeyer besonders an Boden gewinnt.

Nicht unerwähnt möchte ich auch die von mancher Seite ausgesprochene Vermutung lassen, daß in gewissen Fällen die „Höhe" der Hochdruckstauung gewiß als übertrieben erscheint, da das Ödem selbst von merklichem Einfluß auf die Blutdruckzahlen ist (vgl. Hensen); es muß zugegeben werden, daß große Ödeme der oberen Extremität — welche ja hauptsächlich in Frage kommen — selten vorkommen, doch ist Hensen der Meinung, daß auch eine leichte Gedunsenheit einen Fehler erzeugen kann; ich möchte aber auf diesen Punkt gerade bei der Hochdruckstauung nicht viel Gewicht legen, und zwar aus folgenden Gründen: wie gesagt, ist dieses Syndrom in der Bernschen Klinik studiert und zuerst beschrieben worden, wo ja die Manschettenmethoden bekanntlich nicht gebraucht werden, und in welchen man sich ausschließlich der Pelottenmessungen bedient. Dabei sind aber die erwähnten Fehlerquellen so gut wie ausgeschlossen.

Alle diese Erklärungen sind natürlich weniger gezwungen als diejenigen, die von der Theorie des „peripheren Herzens" angegeben werden; ein entscheidendes Material kann hier meines Erachtens auf zwei Wegen gewonnen werden: in der

Klinik wäre es sehr angebracht, den Blutdruck bei isolierten Thrombosen der rechten Coronararterie zu prüfen, welche in reiner Form selten, aber doch vorkommt. Den Arbeiten von Obrastzoff und Strascheskо, Pletnew, B. Jegoroff, Parkinson und Bedford, Gager u. a., welche über eine ziemlich große Beobachtungszahl berichten, fehlt doch entsprechendes Material. Eine spezielle Untersuchung der ganzen Blutdruckkurve wäre in ähnlichen Fällen sehr wünschenswert. Da aber auch bei isolierter Thrombose irgendeiner Arterie die andere Herzhälfte aus den hier immer bestehenden allgemeinen Gründen kaum intakt bleibt, so wäre es natürlich sehr wichtig, alle diese Erscheinungen experimentell auf einem völlig gesunden Tierherzen zu verfolgen.

Mit ähnlichen Untersuchungen bin ich zur Zeit bemüht, aber das vorhandene Material ist vorläufig zu gering, um daraus exakte Schlüsse ziehen zu dürfen; einmal kommt es zur Veröffentlichung.

Die Frage der Hochstauung zu lösen oder sogar einigermaßen ausführlich in schmalem Rahmen dieser Abhandlung zu besprechen, erscheint meines Erachtens als eine unausführbare Aufgabe. Ich hielt es nur für angebracht, denjenigen Erklärungen, welche diesem Syndrom von der neuen Theorie gegeben werden, diejenigen Tatsachen gegenüberzustellen, welche vom klinischen Standpunkte einfacher und vom physiologischen Standpunkt zulässiger erscheinen. Ich werde noch Gelegenheit haben, mich seinerzeit über die Hochdruckstauung am anderen Orte ausführlicher zu äußern; vorläufig verweise ich nur noch, ohne auf sie eingehender zurückzukommen, auf die entsprechenden Arbeiten von Geisböck, C. Müller, Cobet, v. Recklinghausen, Fellner, Fraenkel und Schwartz, Volhard, Reh.

Zusamenfassend muß also gesagt werden, daß diejenige Erklärung, welche der Hochdruckstauung von der neuen Theorie gegeben wird, weder durch eine faßbare Tatsache, noch durch irgendwelche bekannte und angenommene Analogie gestützt werden kann; außerdem stimmt diese Erklärung auch mit den einzelnen Teilen der Theorie des „peripheren Herzens" selbst nicht überein. Auf Grund jener Erkrankungsgruppen, bei denen dieses Syndrom am häufigsten vorkommt, und analog anderen mehr oder weniger bekannten klinischen Krankheitsbildern scheint am wahrscheinlichsten die Ursache der Hochdruckstauung in isolierter Schwäche des rechten Herzens zu liegen bei relativ guter Leistungsfähigkeit des linken. Vermutlich ist eine endgültige Bestätigung dieser Voraussetzung vom Experiment zu erwarten.

4. Hämostatische Inkongruenzen.

Stigler hat völlig recht, wenn er die Aufmerksamkeit darauf lenkt, daß die Hämostatik in allen physiologischen und pathophysiologischen Lehr- und Handbüchern recht stiefmütterlich behandelt wird; das gleiche dürfte eigentlich auch über das klinische Forschungsgebiet gesagt werden. Weshalb dies so geschah, ist eine für uns unwichtige Frage, es ist nur sicher, daß gerade deswegen die Mehrzahl der hämostatischen Fragen nicht eingehend geklärt ist, was auch zur Aufstellung wenig begründeter Hypothesen resp. um so weniger begründeter Erwiderungen geführt hat. Der Meinungswiderspruch wird durch folgende Beispiele ausgezeichnet illustriert: Die Ergebnisse von Hill und Flack besagen, daß die Gesetze der Hydrostatik für den Kreislauf vollständig anwendbar und wirksam sind; beim Betrachten der Tabelle 4, in welcher die systolischen Blutdruckmessungen auf unblutigem Wege beim Menschen aufgenommen sind, kann in dieser Hinsicht kein Zweifel entstehen.

Tabelle 4. (Nach Hill und Flack.)

Name	Lage	Blutdruck in der Arteria brachialis in mm Hg	Blutdruck in der Arteria tibialis in mm Hg	Differenz in mm Hg	Berechnete Differenz auf Grund der Höhe entsprechender Blutsäulen (in mm Hg)
N. N. K.	Horizontal	140	138	2	—
	Aufrecht (stehend) . .	136	204	68	68,5
	Horizontal (mit untergeschlagenen unteren Extremitäten = L-Stellung)	122	76	46	46,1
	Vertikal (mit dem Kopfe nach unten)	148	70	78	77,7

Was den diastolischen Druck anbelangt, so weicht auch der letzte nach Sahli sehr wenig von den hydrostatischen Momenten ab.

Demgegenüber behauptet die Janowskysche Schule (Schwarz) etwas ganz anderes. Nach N. Schwarz ist der Blutdruck in den Fingern der aufgehobenen Hand gewöhnlich höher, als es zu erwarten wäre; derselbe zu hohe Blutdruck wird aber nach Schwarz auch in den Fingern der nach unten gelassenen Hand beobachtet. Die dieser Erscheinung von der Schule Janowskys gegebene Erklärung lautet wie folgt: Wenn die Hand aufgehoben ist, so fällt der Blutdruck nicht so tief, wie es die Hämostatik verlangt, da dabei die Arterienperistaltik verstärkt wird und der Druck dadurch auf eine größere Höhe aufgetrieben wird. Damit kann man vielleicht einverstanden sein; warum macht aber der Blutdruck in den Fingern der nach unten gelassenen Hand dieselben Veränderungen durch? — Die Venenstauung ist ja dabei nicht groß.

Außerdem muß hier noch folgender Umstand im Auge behalten werden: falls es wirklich eine aktive Gefäßperistaltik gebe, so müßte sie in den pulsatorischen Durchmesserschwankungen der Gefäße ihre Abspiegelung finden, wobei diese Schwankungen bei stärkerem Peristaltieren der Arterien eo ipso größer werden müßten. Schott und Spatz haben aber ganz sicher bewiesen, daß bei den durch Körperlageänderungen bedingten lokalen Blutdruckanstiegen die systolischen Volumschwankungen entsprechender Gefäße abnehmen.

Die von Mjassnikow und Alx. Müller auf großen Gefäßen (Riva-Rocci) erhaltenen Ergebnisse erscheinen in dieser Hinsicht deutlicher; sie haben nämlich gefunden, daß bei den obenerwähnten Lageveränderungen der Extremität folgendes Bild zur Beobachtung kommt: Auf dem hängengelassenen Arm wird der Blutdruck erhöht, aber weniger, als aus den statischen Bedingungen folgen könnte; auf dem gehobenen Arm fällt dagegen der Druck — dabei mehr, als es die Hydrostatik verlangt. Es muß allein gesagt werden, daß diese Tatsachen denjenigen von Schwarz kaum widersprechen: Mjassnikow und Müller arbeiteten auf größeren Arterien, Schwarz dagegen auf Fingerarterien, so daß, falls man die Anwesenheit des „peripheren Herzens" zulassen möchte, der Widerspruch in dem Resultate von Schwarz einerseits und von Mjassnikow und Müller andererseits die Anwesenheit der Gefäßperistaltik eher bestätigt (das gesteht auch Mjassnikow), denn wir wissen ja aus dem II. Abschnitt, daß Janowsky die peristaltische Welle für um so stärker hielt, je weiter das betreffende Gebiet vom Herzen entfernt ist. Mjassnikow und Kalajewa wiederholten aber die Versuche Schwarzs auch an den Fingern und kamen zu denselben Resultaten, welche Mjassnikow und Müller an großen Gefäßen erheben konnten. Da die angewandte Methodik ganz identisch und höchst einfach war, ist für mich aufrichtig gesagt der Grund eines derartigen Widerspruches unklar, so daß ich von einer Verwertung einfach Abstand nehmen möchte. Würde aber die von Mjassnikow und Kalajewa beobachtete Erscheinung — nämlich, daß der Blutdruck in den Fingern einer aufgehobenen Hand tiefer, als es die Statik verlangt, abfällt — eine weitere

Bestätigung finden, so würde dies noch eine mit der neuen Kreislauftheorie nicht zu verknüpfende Tatsache darstellen, da die Herzwelle in der aufgehobenen Hand abgeschwächt wird, was zur Verstärkung der Gefäßperistaltik führen müßte (vgl. Schwarz).

Es sei nur noch erwähnt, daß Mjassnikow und Kalajewa eine Erklärung der von ihnen erhobenen Befunde darin zu suchen geneigt sind, daß der Blutdruck im aufgehobenen Arm wegen der Erschlaffung der gegen Gewichtskraft arbeitenden Blutwelle vor sich geht, bei dem heruntergelassenen Arm dagegen die afferenten Gefäßstämme verengt werden und somit den Blutzufluß erschweren. Eine derartige Verengung kann nach der Meinung dieser Autoren als eine Reaktion auf die starke Veränderung statischer Bedingungen durch irgendeine spezielle Vorrichtung hervorgerufen werden, ähnlich dem von Hering für den Sinus caroticus beschriebenen, die vermutlich längs dem ganzen Gefäßsystem zerstreut sein sollen; diese Auffassungen gewinnen zur Zeit um so mehr an Boden, als es von mancher autoritativer Seite (vgl. Eppinger und Schürmeyer) die Voraussetzung geäußert wurde, daß auch die der Leber- resp. der Milzsperre ähnlichen Vorrichtungen gleichfalls im ganzen Gefäßnetz zerstreut sind. Ich persönlich kann deswegen der von Mjassnikoff und Kalajewa geäußerten Vermutung nur beipflichten; sie scheint mir am wahrscheinlichsten zu sein, da ein solcher Mechanismus denjenigen Erscheinungen angehören würde, welche durch einen Gesamtnamen der „Selbststeuerung“ der Gefäße bezeichnet werden — eines der vollkommensten Vorrichtungen des Tierorganismus. Aber objektiv betrachtet fehlen uns doch faßbare Tatsachen zur Begründung dieser Vermutung [1], weshalb ich es für vorzeitig halte, die hämostatischen Inkongruenzen weder zur Bestätigung, noch zum Widerlegen der neuen Kreislauftheorie zu verwenden, da man mit einem Übergange von phantastischen Vorstellungen zu unentschiedenen Fragen auf dem Wege der Forschung nicht viel zu gewinnen vermag. Um so mehr gilt dieser Satz für Hämostatik im arteriellen Teile der Blutbahn, als auch der Venendruck — wie es auf experimentellem Wege von Ussiewitsch bewiesen wurde — den statischen Gesetzen bei weitem nicht streng folgt; eine Venenperistaltik ziehen jedoch zur Erklärung dieser Erscheinungen selbst die Anhänger der neuen Kreislauftheorie nicht an. Daher halte ich es vom Standpunkte unseres Themas auch für überflüssig, hier auf entsprechende Literaturangaben näher einzugehen; es sei nur auf die Übersichten von Heß, Stigler, ferner Kaufmann hingewiesen [2].

Anhang.

Beim Vollenden des Abschnittes von den Blutdruckarbeiten muß noch Vollständigkeit halber auf eine Gruppe Arbeiten hingewiesen werden, in denen zwecks Deutung der auf die Arbeit des „peripheren Herzens“ hinweisender Erscheinungen von den Schülern Janowskys — Iwanoff, Bochowski, Warypaew, Woizechowsky u. e. a. gleichzeitige Blutdruckmessungen in verschiedenen Gefäßgebieten (A. brachialis, A. radialis, Aa. digitales, Capillaren, Venen) ausgeführt wurden und sowohl aus verschiedenen Wechselbeziehungen dieser Befunde bei verschiedenen Erkrankungen, als auch aus verschiedenen reaktiven Veränderungen dieser Werte bei physikalischen Einwirkungen (thermische, Belastungsproben) Schlüsse auf die aktive Rolle der Gefäße beim Blutfördern gemacht wurden. Aber abgesehen sogar von dem alten Satze Riegels, daß „das Manometer allein über die Art und Weise, in der die Druckveränderung erfolgt, uns kaum Aufschluß geben kann“, erscheinen diese Arbeiten wenig in der Richtung des vorliegenden Themas zu deuten, und zwar aus folgenden zwei Gründen: 1. einige in diesen Arbeiten angewandte Methoden der Blutdruckmessungen erscheinen zur Zeit als viel zu grob (unblutige Venendruckmessungen, Capillardruckbestimmung nach Basch usw.), um über solche komplizierte Erscheinungen Rechenschaft geben zu können, und 2. eine gleichzeitige Messung in mehreren Stellen kann in Wirklichkeit nicht von einer Person (wie es in den betreffenden Arbeiten war) zustande gebracht werden — was allerdings auch einige von den genannten Autoren selbst sagen —, es werden dabei immer gewisse in Mehrzahl der Fälle ziemlich

[1] Es sei aber darauf hingewiesen, daß Lindhard mit Olivers Arteriometer finden konnte, daß die Körperlage auf den Arterienkaliber von Einfluß ist.

[2] Anmerkung bei der Korrektur: Diesbezüglich verweise ich noch auf eine inzwischen erschienene Arbeit von Kostükoff (Verh. 10. Internistenkongr. d. U.S.S.R.), in welcher der Cromptonsche Index einem eingehenden Studium unterworfen ist.

beträchtliche Zeiträume zwischen den einzelnen Ablesungen zutage treten, während deren ein derartiger labiler Komponent, wie es der Blutdruck ist (vgl. Josué), gewiß nicht unbedeutende Schwankungen durchmachen kann, abgesehen schon davon, daß eine vorhergehende Messung (z. B. nach Riva-Rocci) für eine nachfolgende (z. B. nach Gärtner) nicht ohne Einfluß bleiben kann (vgl. Gallavardin u. a.); dies ist besonders für die Versuche mit thermischen Wirkungen und Arbeitsbelastungen von Bedeutung, wobei es außerdem noch sehr schwierig zu entscheiden ist, welcher Teil der Erscheinungen auf den Gefäßtonus und welcher Teil auf das „periphere Herz" zu übertragen ist. Deshalb ist sowohl ein Nachprüfen dieser Arbeiten bei gleichen Versuchsbedingungen im Tierexperimente — wo allerdings eine wirklich gleichzeitige Messung an mehreren Stellen möglich ist —, als ein eingehendes Besprechen derselben meines Erachtens überflüssig.

B. Die Morphologie des Pulses im Dienste der neuen Kreislauftheorie.

Das typische Sphygmogramm des gesunden Menschen und seine Abweichungen von der normalen Form sowohl unter dem Einfluß verschiedener pathologischer Umstände, als auch als Folge spezieller klinischer Versuche, wurde eingehend und ziemlich eifrig vom Standpunkte des „peripheren Herzens" studiert, wobei hier hauptsächlich die Schüler Janowskys und in jüngster Zeit Vaquezs teilnahmen; den Hauptpunkt in dieser Richtung bildete die Physionomie der Katakrote.

Janowsky ging aus den sicher richtigen Überlegungen aus, daß falls die peristaltische Gefäßwelle wirklich existiert, so muß es unbedingt auf dem Sphygmogramm eine Abspiegelung dieser Welle geben; in Wirklichkeit erscheint diese peristaltische Welle nach Janowsky auf dem Sphygmogramm als die dikrote Welle (vgl. auch Kurschakoff, Zawodskoy, P. Jegoroff, Kryloff) und gibt infolge ihrer peristaltischen Fortpflanzung zwei Zacken: die eine entspricht dem vorderen Teil (resp. dem erweiterten Gefäßabschnitt), die zweite — dem hinteren Teil (resp. dem kontrahierten Gefäßabschnitte) derselben. Daraus geht hervor, daß ein typisches Sphygmogramm wenigstens 3 Zacken enthalten muß: die erste, die der Herzwelle entspricht, und die zwei anderen, die von verschiedenen Enden der peristaltischen Welle stammen[1]. Die letztgenannten Zacken können leicht an ihrem Nebeneinanderliegen erkannt werden (i. e. nach der Abszisse, nicht nach der Ordinate) (Janowsky). Es muß hinzugefügt werden, daß die dikrote Welle unabhängig von Janowsky auch von Hasebroek mittels Nachahmung einer Reihe entsprechender Pulsformen in Modellversuchen ähnlich erklärt wurde. Über die Schätzbarkeit und im besonderen über die Verbindlichkeit der Modellversuche für die Physiologie und Klinik siehe Abschnitt II.

Bereits von Anfang an entsteht in bezug auf diese Logik ein nicht unbedeutender Vorwurf, daß, wenn auch eine aktive Gefäßsystole wirklich vorhanden ist, dabei ja eine Gefäßverengung geschieht, so daß die Pelotte eher einsinken, als emporschwingen müßte, d. h. die peristaltische Welle müßte auf dem Sphygmogramm eher in Form einer Incisur, und keineswegs einer Elevation zum Vorschein kommen (Mjassnikow und Grotel). Ich stimme mit dieser Erwiderung völlig überein und kann vielmehr gar nicht mit Janowsky

[1] Anmerkung bei der Korrektur: Diese Grundlagen Janowskys wurden in einer inzwischen erschienenen Übersicht von Zawodskoy [Klin. Med. **1929**, H. 9 (russ.)] nochmals zusammenfassend bearbeitet.

einverstanden sein, welcher die Reflexion der Gefäßsystole als Anstieg auf dem Sphygmogramm dadurch erklären will, daß dabei eine Abrundung des Gefäßes mit einer Druckerhöhung innerhalb desselben entsteht (daß dies nicht zutrifft, s. im Abschnitt VI), wobei Janowsky betont, daß „die betreffende Erscheinung ebenso wie in der Entstehung des Herzstoßes geschieht, welcher die vordere Herzwand trotz dessen Muskelkontraktion herauspreßt". Diese Analogie ist aber ganz unrichtig, da der Herzstoß im beträchtlichen Maße auch von der im betreffenden Moment entstehenden Dislokation des Herzens abhängig ist (vgl. R. Tigerstedt), was auf solchen Gefäßen, wie die A. radialis natürlich nicht stattfindet und wo — falls überhaupt irgendwelche Verschiebung während der Pulsschwankungen möglich ist — dieselbe nur zur Seite, nicht aber nach vorn erfolgen kann (Mackenzie). Außerdem ist hier noch eine Erwiderung allgemeinen Charakters möglich: stellt man sich vor, daß die secundären Wellen eine Abspiegelung der aktiven Gefäßsystole sind, so müßte der Blutstrom in dem Gebiete dieser Wellen ziemlich stark anwachsen; aber bereits v. Kries wies darauf hin, daß hier mit der Zunahme des Druckes eine Abnahme der Geschwindigkeit zusammenfällt (vgl. auch Fick). Die genannten Autoren haben seinerzeit

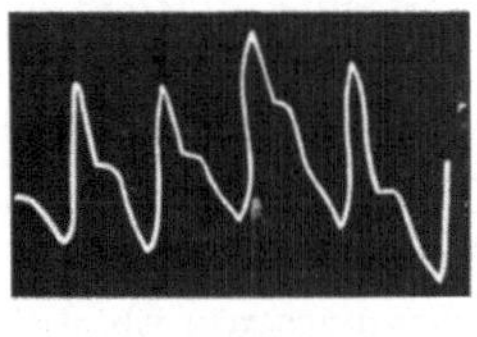

I

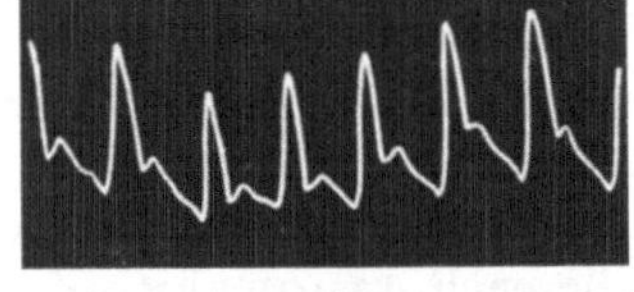

II

Abb. 11. Pulskurven, aufgenommen ohne (I) und mit Belastung (II) des Sphygmographen. (Nach Landois.)

diese Tatsachen zur Diskussion über die Richtung betr. Wellen verwandt — eine Frage, die uns hier unmittelbar nicht beschäftigt —, wobei zu sagen ist, daß auch die Anhänger der herrschenden Zentrifugalrichtung (z. B. Hoorweg) doch die von Kries aufgestellte Abhängigkeit annehmen[1]. Es ist zu verstehen, daß eine gefäßsystolische Deutung der secundären Wellen mit den ebenerwähnten Tatsachen nicht zu verknüpfen ist.

Die ersten Untersuchungen, durch die Janowsky hauptsächlich seine Vorstellungen begründete, waren von Zawodskoy durchgeführt und bestanden in der Sphygmographie mittels eines verschieden belasteten Jaquetschen Sphygmographen, wobei nach einer größeren Belastung auch eine entsprechende größere dikrote Welle entstand, was Janowsky als Resultat der Verstärkung der Gefäßperistaltik infolge Stenosierung der Arterie radialis mit der belasteten Pelotte deutete. Diese Erscheinungen sind nicht neu; sie wurden bereits von Landois, allein ohne ähnliche Deutung beschrieben. Wenn aber Janowsky darauf hinweist, daß die Kurven Landois' seinen Vorstellungen über das „periphere Herz" entsprechen, so ist es sicher nicht der Fall: Bei der Betrachtung dieser Kurven (Abb. 11) ist es leicht zu erblicken, daß, obwohl die dikrote Welle durch die Belastung wirklich stärker ausgeprägt wird, sie gleichzeitig

[1] Anmerkung bei der Korrektur: Durch die neueren Arbeiten der Greifswalder Klinik (Lauber: Z. exper. Med. **64**), welche mit einer absolut einwandfreien Methodik ausgeführt wurden, scheinen diese Auffassungen eine wesentliche Stütze erfahren zu haben.

auch niedriger auf der Katakrote postiert ist, was nach Zawodskoy ein Zeichen nicht eines Anspornens, sondern einer Abschwächung der Gefäßperistaltik ist. Somit kongruieren Landois' Kurven nicht mit der Theorie des „peripheren Herzens“. Außerdem können alle diese Tatsachen bei heutigem Stand der Registrationstechnik überhaupt nicht angenommen werden: mehr als 50 Jahre plagten sich Kliniker und Physiologen mit der Vervollkommnung der registrierenden Apparate in Hinsicht der Verkleinerung ihrer Inerz durch entsprechendes Leichtermachen der Hebel; eine fast wirklich ideale Methodik — die Segmentkapsel Franks — ist dabei erreicht worden, und die neue Kreislauftheorie wird nun gerade auf dem Gegenteil, d. h. auf dem Belasten der Registrierpelotte begründet! Ich vermute daher, daß die nach dieser Methodik erhaltenen Tatsachen, so gesetzmäßig sie erscheinen mögen, heutzutage doch nicht als Leitfaden angenommen werden dürfen.

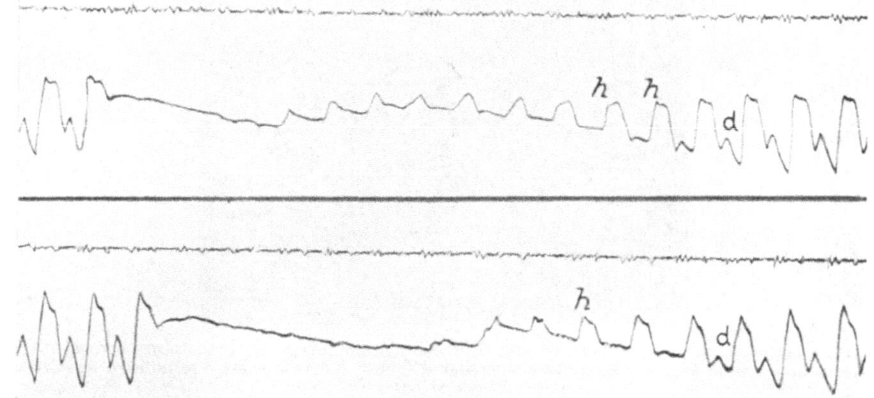

Abb. 12. Sphygmomanometrie des Versuchs Janowskys mit Luftübertragung und Spiegelregistration. h — hydraulische Zacke. d — dikrote Welle. Obere Kurven: Herztöne. Kein Prävalieren der dikroten Welle während der Stenosierung. (Nach Mjassnikow und Grotel.)

Viel beachtenswerter sind die während der Stenosierung mit der Armmanschette aufgenommenen sphygmographischen Kurven („Dämpfung der Herzwelle“ nach Janowsky); hier soll — ähnlich den in vorhergehenden Abschnitten beschriebenen Erscheinungen — eine Verstärkung der dikroten Welle stattfinden infolge der Verstärkung der Gefäßperistaltik, wobei der letzte Umstand solche Dimensionen aufweisen kann, daß bei gewissen Stenosegraden der dikrote Aufstieg sogar viel größer als der Hauptaufstieg sein kann (Janowsky, Kurschakoff, Kryloff). Auf dieser Stelle halte ich es für notwendig, zwecks Klärung der unten zu erläuternden Tatsachen, mich bei der Frage aufzuhalten, nämlich welche der Sphygmogrammzacken als aktiv, und welche als passiv aufzufassen ist, falls man den Standpunkt des „peripheren Herzens“ annimmt. Augenscheinlich ist die 1. Zacke, welche ein Resultat der passiven Gefäßdehnung durch die Herzwelle darstellt, zum Ausdruck von passiver Vorgänge in der Gefäßwand auf dem Sphygmogramm zu rechnen; dasselbe ist auch von der 2. Zacke zu sagen, welche nach Janowsky durch die „getriebene Welle“ entsteht; nur die 3. Zacke entsteht durch die „treibende Welle“, d. h. durch die Gefäßsystole und spiegelt auf dem Sphygmogramm eine aktive Bewegung ab. Diese Voraussetzungen folgen unvermutlich aus den Grundsätzen der neuen Theorie. Wenn dies nun der Fall ist, so wäre ein Bestehen der 2. Zacke beim gleichzeitigen Fehlen der 3. Zacke nicht möglich, was aber sicher beobachtet wird (s. u.).

Wenden wir uns zur Revision der in dieser Richtung angestellten Arbeiten, welche in der Klinik Langs (Mjassnikow und Grotel) mit einer einwandfreien Methodik (Aufnahme nach Peter-Frank mit Spiegelregistration) ausgeführt wurden, so werden wir ersehen, daß bei der Stenosierung der Armarterie der Radialpuls folgendes Bild aufweist (vgl. Abb. 12): am deutlichsten und am frühesten wird die 1. und 3. Welle verkleinert, die 2. Welle dagegen bleibt viel dauerhafter bestehen und kann in Wirklichkeit die 1. Welle übertreffen. Eine solche Lage kann aber vom Standpunkte der neuen Theorie nicht erklärt werden, da die 2. Zacke (die „getriebene Welle") auf der Kurve auch dann bleibt, wenn die 3. Zacke (die „treibende Welle") verschwindet.

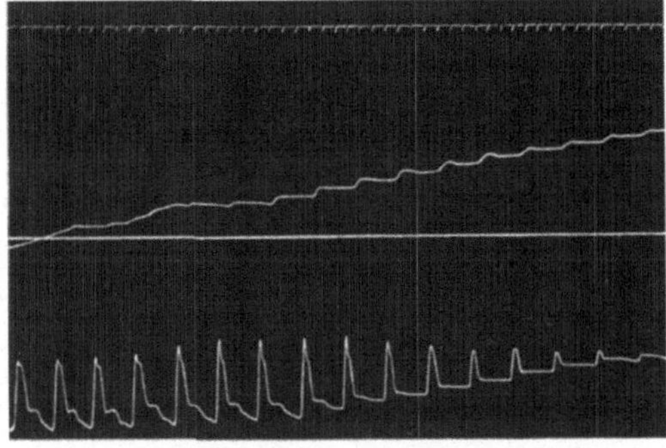

Abb. 13. Veränderungen der Pulskurve während der Armkompression. Gleichzeitige Aufzeichnung des Sphygmogramms und des Kompressionsdruckes (obere Kurve). Kein Prävalieren der dikroten Welle. (Nach Gallavardin.)

Zur Analyse dieser Erscheinungen muß diejenige Erklärung, welche von der alten Kreislauftheorie gegeben wird, erwähnt werden: Die ersten 2 Zacken des Sphygmogramms hängen unmittelbar von der Ventrikelsystole ab, wobei die erste von der Inerz (Emporwerfen) des Hebelchens des Apparates abhängt („percution wave"); die zweite Zacke stellt dagegen den wirklichen systolischen Druck der Pulswelle („tidal wave") dar; die dritte Zacke ist die dikrote und ruft keine Zweifel hervor (Galabin, Mackenzie). Diese Grundlagen können zweifelsohne auch heutzutage angenommen werden, nur mit der Berichtigung, daß eine „Perkussionswelle" nicht ausschließlich von der Inerz des Hebelchens abhängt, da diese auch mit völlig inerzlosen Apparaten erzielt werden kann (vgl. Abb. 9), sondern sie ist vielmehr durch die Kraft des Wasserschlages bedingt (vgl. Staehelin und Müller, Müller und Lambossy, Merke und Müller, Mjassnikow und Grotel). Was von besonderer Wichtigkeit bei den älteren Anschauungen ist und was auch heutzutage immer feststeht, ist, daß die 2. Zacke des Sphygmogrammes immer eine Herzzacke ist. Wenden wir uns nun den Arbeiten Mjassnikows und Grotels zu, so sehen wir, daß die Stenosierung der obengelegenen Gefäße, die Höhe der hydraulischen Zacke — infolge der Dämpfung des Wasserschlages, — deutlicher und bedeutender als die Höhe der Herzzacke herabsetzt; dies bewirkt, daß die 2. Zacke relativ höher werden kann als die erste. Die dikrote Elevation dagegen verschwindet bei Zunahme der Stenose früher als die Herzwelle, taucht bei allmählicher Kompressionsverminderung später als dieselbe auf und überragt niemals die 2. Zacke.

Wenn wir uns nun zu den gleichfalls nach der Kompressionsmethode aufgenommenen Kurven Gallavardins wenden, — obgleich diese zu ganz anderen Zwecken aufgenommen sind, — so sehen wir hier (Abb. 13), daß die dikrote Welle auch auf einem zweiköpfigen Pulse [wo die beiden ersten Wellen infolge entsprechender Bedingungen (vgl. Mackenzie) zusammenfließen], gerade so wie auf der dreiköpfigen Kurve der Abb. 12 aussieht, wobei die Herzwelle

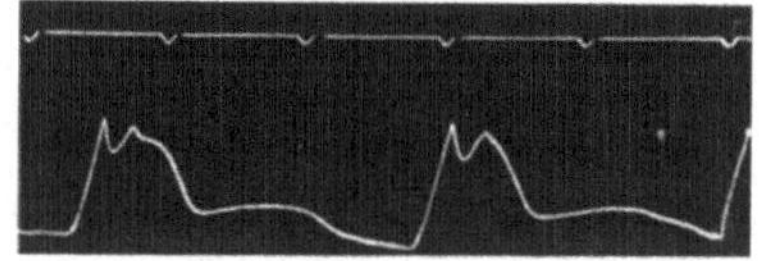

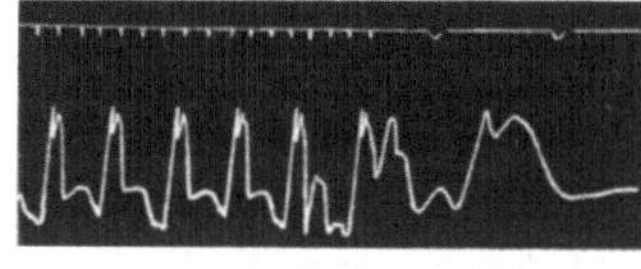

I II

Abb. 14. Pulskurven eines Hundes, aufgenommen mit einem belasteten Sphygmographen; I Schnellaufnahme, II langsamer Gang. Bei noch größerer Aufnahmegeschwindigkeit erscheint solche Kurve als „dos du chameau". (Nach Frenckell und Dymschitz.)

immer über der dikroten herrscht; somit macht die von Janowsky der dikroten Welle zugeschriebenen Veränderungen nicht die dikrote, sondern die Herzwelle durch.

Auf diese Weise wird es klar, daß die Fehlerhaftigkeit der Rückschlüsse einiger unter Janowsky ausgeführten Arbeiten auf der unrichtigen Deutung des Sphygmogramms und speziell in der Vernachlässigung der Rolle des Wasserschlages im dreiköpfigen Pulse beruht, worauf die obenerwähnten Schüler Langs ganz richtig aufmerksam gemacht hatten.

Es schien mir daher von Interesse zu untersuchen, ob eine Verwechslung der 2. und 3. Zacke auf einem belasteten Sphygmogramm möglich ist, speziell, inwiefern die 2. Zacke

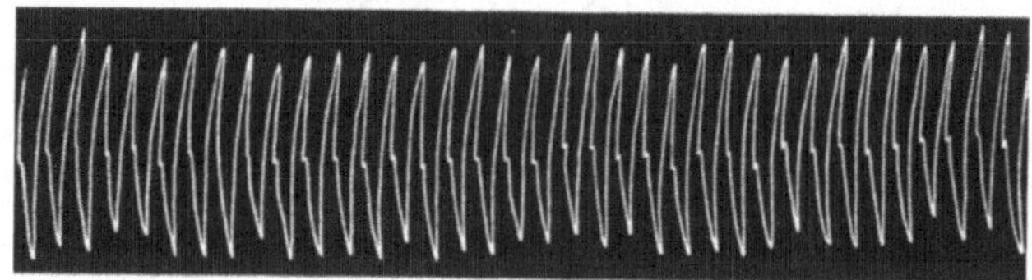

Abb. 15. Pulskurve eines großen Aortenaneurysmas. (Nach Boinet.)

in solchen Bedingungen die dikrote Elevation vortäuschen kann. In einer speziellen experimentellen Analyse, gemeinsam mit Dymschitz, konnte ich finden, daß bei gewisser Belastung und, insbesondere bei stark ausgeprägtem Wasserschlage und Schnellaufnahme, die zweite Welle ein der dikroten Elevation ziemlich ähnliches Aussehen annehmen kann, was durch die Abb. 14 anschaulich gemacht wird.

Noch eine Tatsache ist von Interesse (Abb. 15): Bei Pulsschwankungen eines großen Aneurysmas bekam Boinet auf der Katakrote eine typisch dikrote Welle, was mit Sicherheit beweist, daß die aktive Gefäßsystole zur Erscheinung einer dikroten Welle nicht unbedingt nötig ist, wenn dieselbe von einem fast muskellosen, bindegewebigen Sack stammen kann.

Unlängst hat Zawodskoy den Versuch gemacht, auf Grund experimenteller Analyse des Kollapsmechanismus wiederum der dikroten Welle vom Standpunkt des „peripheren Herzens" näherzukommen. Dieser Autor konnte nämlich bemerken, daß das Sphygmogramm bei Blutkreislaufstörungen, während akuter Infektionserkrankungen usw. parallel der Verschlechterung des allgemeinen Zustandes folgende Veränderungen durchmacht: Die ständig auf der normalen Pulskurve vorhandene dikrote Welle wird allmählich kleiner und rutscht längs der Katakrote herab; bei sehr schweren Zuständen kann der diastolische Teil des Sphygmogrammes gänzlich des dikroten Aufstieges beraubt und in ein Plateau umgewandelt werden. Übrigens vermochte auch Mackenzie vor längerer Zeit derartige Veränderungen des Sphygmogramms festzustellen.

Es gelang Zawodskoy, diese Veränderungen mit großer Genauigkeit auch im Experiment mittels tiefer Narkose der Versuchstiere mit Chloral, Uretan und Äther [1] nachzuahmen; es ist von besonderem Interesse, daß auf dem auf diese Weise erzeugten „diastolischen Plateau" nach Adrenalininjektion eine dikrote Welle wiederum hervorgerufen werden konnte, so daß das Sphygmogramm wieder normal erschien. Seine Untersuchungen will der Autor vom Standpunkte der Theorie Janowskys dadurch erklären, daß die Systole des durch Infektion (resp. Narkose) abgeschwächten Gefäßes (in leichteren Fällen) schwächer geschieht, so daß das Gefäß langsamer und weniger kräftig auf den Reiz antwortet (daher die Vergrößerung der Entfernung zwischen der Herzwelle und der dikroten Welle und eine Verkleinerung der letzten); in schwereren Fällen (Kollaps, tiefe Narkose) fällt die Gefäßsystole überhaupt aus, und es entsteht ein diastolisches Plateau. Die Adrenalininjektion, welche den Tonus und die „Kontraktilität" der Arterien steigert (Luisada und Tremonti), ruft wiederum die Gefäßsystole hervor, was durch Rückkehr der dikroten Welle auf das Sphygmogramm gekennzeichnet wird. Wie anziehend eine solche Erklärung sein mag, lassen sich die von Zawodskoy beschriebenen Tatsachen ohne Schwierigkeiten auch vom Standpunkte der alten Theorie erklären: Die Geschwindigkeit der Pulswellen (sowohl der Hauptwelle, wie auch aller anderer Wellen) hängt bei gleichen Bedingungen vom Blutdruck und von der Gefäßlichtung (Hürthle), d. h. vom Gefäßtonus ab. Bereits Grünmach hat nachgewiesen, daß während der Narkose das Intervall zwischen dem Herzstoß und dem Anfange (d. h. dem zum „peripheren Herzen" in keiner Beziehung stehenden Moment) des peripheren Pulses beträchtlich wächst. Hewlett, v. Zwaluwenburg und Agnew bekamen eine Intervallvergrößerung zwischen der primären und der dikroten Erhebungen von 15 auf 18 mm unter dem Einfluß des Nitroglycerins, welchem eine lähmende Wirkung auf die „Gefäßperistaltik" kaum zugeschrieben werden kann, da das Nitroglycerin bei Gesunden (und es handelte sich bei Zawodskoy sicher um gesunde Hunde) imstande ist, den Druck in den größeren Gefäßen herabzusetzen nebst gleichzeitigem Hinauftreiben des Druckes in kleineren Gefäßen (Turkija) und die dikroten Schallerscheinungen zu verstärken (Granström), was von der neuen Theorie als Zeichen einer Verstärkung der Gefäßperistaltik aufgefaßt wird (s. Abschnitt III, A, C). Bei Zusammenstellung von obenerwähnten Tatsachen scheint es mir viel einfacher, die von Zawodskoy beschriebenen Erscheinungen auf folgende Weise zu erklären: Durch Infektion oder Narkose wird eine Gefäßtonusparese hervorgerufenen, weshalb die Fortpflanzungsgeschwindigkeit der Pulswellen geringer wird. Es ist völlig klar, daß auch die primäre Welle in bezug auf den Herzstoß verspätet, ebenso wie der dikrote Aufstieg; da aber Zawodskoy als Hauptmoment für das Berechnen der Entstehungsgeschwindigkeit der dikroten Welle diese primäre Welle auffaßte — die auch selbst unkonstant war —, so bekam er auch eine relative Vergrößerung der Entfernung zwischen dieser und dem dikroten Aufstieg. Hätte er den Herzstoß als Hauptmoment aufgefaßt, so würde er ersehen können, daß im Kollapszustande (resp. in einer tiefen Narkose) die Hauptwelle in bezug auf den Herzstoß relativ ebensoviel als die dikrote Welle verspätet, und daß die letzte Tatsache keine Isoliertheit in sich enthält. Wir sehen allerdings unter den Kurven des Autors auch solche, die ohne Narkose, aber mit einer Vagusreizung aufgenommen waren; dabei sind auf dem Sphygmogramm keine dem Kollaps

[1] Hier sei es noch daran erinnert, daß bereits 1865 Wolff darauf hingewiesen hat, daß in tiefer Chloroformnarkose bei Menschen die sekundären Wellen bedeutend abgeschwächt und verspätet auftreten.

eigenen Veränderungen zu sehen, welche hier nach Zawodskoy zu erwarten wären, würde es sich nur um die Wirkung einer Gefäßerweiterung handeln. Allein ich meine, daß die Vagusreizung in den uns hier interessierenden Bedingungen ein zu kompliziertes Moment darstellt, da ja auch das Herz auf solche Weise einer starken Wirkung der Rhythmusverlangsamung unterlegen ist: Vergrößert sich das Schlagvolumen, verstärkt sich der Pulsschlag (es kommt zu einem schärferen Pulsgipfel, was bei Zawodskoy auch der Fall war), so werden auch alle übrigen oszillierenden Bewegungen verstärkt, und es ist schwer zu entscheiden, inwiefern die Gefäßerscheinungen durch die Herzerscheinungen kompensiert werden (vgl. Gaskell, Harrington, Hoffa und C. Ludwig u. a.); das um so mehr, als in entspr. Kurven von Zawodskoy die Zeitmarkierung fehlt und es unmöglich zu beurteilen ist, in welchem Maße das Herz auf den betreffenden Reiz reagierte. Ich meine ferner, daß die obenerwähnten Versuche von Hewlett, v. Zwaluwenburg und Agnew in dieser Hinsicht demonstrativer sind, da das Nitroglycerin in der hier in Frage kommenden Richtung viel elektiver wirkt und seine Wirkung auf das Herz gerade in entgegengesetzter Richtung sich kennzeichnet (vgl. Meyer und Gottlieb).

Übrigens sei bemerkt, daß Zawodskoy selbst in einer schönen unter S. Anitschkow neulichst veröffentlichten Arbeit über den Hystaminkollaps mit großer Deutlichkeit zum Vorschein brachte, daß auf die Gestalt der dikroten Welle noch eine ganze Reihe anderer, von der neuen Theorie nicht berücksichtigten Faktoren von großem Einflusse sein können. Eine kleine historische Kuriosität: Der Versuch Janowskys wurde vor 35 Jahren von Frey zwar zu anderen Zwecken sphygmographiert, wobei dieses nach Frey im Sphygmogramm nur durch das Aufsteigen der Kurvenreihe und in der Verringerung der Pulsgröße sich äußert. Von einem Prävalieren der dikroten Welle über der primären kann in den Kurven Freys aber keine Rede sein. Es scheint mir, daß, falls die von Kurschakoff u. a. beschriebenen Tatsachen gesetzmäßig und konstant wären, ein so erfahrener Sphygmologe wie Frey sie kaum unbemerkt lassen könnte.

In der jüngsten Zeit ist die Morphologie des Pulses zur Begründung der neuen Kreislauftheorie von den französischen und italienischen Autoren (Geraudel, Luisada) wieder herangezogen worden. Hier sollen hauptsächlich die Untersuchungen des letzten Forschers besprochen werden, welcher mit der Analyse der mit einer Oszillationskapsel am Krankenbette aufgenommenen Pulskurven (speziell mit Dikrotie und Anakrotie) sich beschäftigte. Dabei wurde gefunden, daß die gleichzeitig an verschiedenen Orten aufgenommenen Kurven ganz verschiedene Gestalt haben können: die in einer Kurve bestehende prädikrote Incisur kann in einer anderen dagegen fehlen; es können an denselben Kurven mehrere Wellen vorkommen, von denen eine dikrot, die andere anakrot, die dritte polykrot und die vierte endlich „à dos de chameau“ erscheinen können. Auf Grund dieser Beobachtungen ist Luisada zu den Schlüssen gekommen, daß jede Incisur nicht durch zentrale, sondern durch periphere Ursache bedingt wird, und daß diese die aktive Arterienkontraktion ist. Zu ähnlichen Schlüssen kam Geraudel auf Grund seiner Studien über die Geschwindigkeit der Pulswellenverbreitung.

Die Publikationen Luisadas sind im Schrifttum von Kurschakoff aufs eifr'gste propagandiert und von Hasebroek aufs wärmste empfohlen worden, übrigens ohne genügende Berücksichtigung des Umstandes, daß die Kurven Luisadas weder die Kurven der Schüler Janowskys zu bestätigen vermögen, noch mit den letzten einfach verglichen werden können und zwar aus folgenden Gründen: Oben wurde schon darüber berichtet, daß Janowsky (sowie Hasebroek) die dikrote Welle für Zeichen einer Gefäßsystole annahm; nach Luisada demgegenüber entspricht diese Welle dem Moment einer Gefäßerschlaffung, der Gefäßkontraktion entspricht aber die prädikrote Incisur. Theoretisch aufgefaßt haben die Vermutungen Luisadas festeren

Boden als die Vorstellungen Janowskys, da einer Systole (respektiv einer Volumverkleinerung) eher eine lokale Einsenkung als eine Erhebung entsprechen muß, was übrigens oben schon betont wurde. Somit sind die Befunde Luisadas und diejenigen der Schüler Janowskys absolut verschieden, denn das, was von einer Seite als aktiver Komponent der Kurve gedeutet wird, wird von einer anderen für einen passiven Vorgang gehalten. Kurschakoff suchte diesen Widerspruch dadurch zu erklären, daß Luisada seine Kurven mit einer Oszillationskapsel — i. e. mit einer Manschette — aufnahm, weswegen solche Kurven im Vergleich zum entsprechenden Sphygmogramm im Gebiete des dikroten Abschnittes der Katakrote entgegengerichtet erscheinen. Solche Behauptung, welche natürlich das Vorhandensein einer aktiven Gefäßsystole voraussetzt, ist aber durch nichts Reelles begründet; sie stellt vielmehr das Resultat einer Verkennung älterer Literatur dar, denn das von Luisada angewandte Prinzip ist in Deutschland vor mehr als 20 Jahren von Strauß und Fleischer unter dem Namen der „Turgosphygmographie" beschrieben und im einzelnen studiert worden, wobei die Angaben dieser Autoren, welche sich außerdem noch auf die Autorität Engelmanns stützen, ganz sicher beweisen, daß irgend ein in Frage kommender Unterschied zwischen den turgosphygmographischen Bildern und den mit einem einfachen Sphygmographen aufgenommenen Kurven nicht festzustellen ist (vgl. auch Frey). Daher werden die Arbeiten der Janowskyschen und der Vaquezschen Kliniken — bevor es von den Anhängern der neuen Kreislauftheorie ganz sicher nicht bewiesen wird, daß der sphygmographischen dikroten Elevation immer eine turgo- (resp. plethysmo-) graphische Einsenkung entspricht in Hinsicht des „peripheren Herzens" die größten Widersprüche darstellen.

Es heißt aber gar nicht, daß die Theorie der peristaltischen Welle damit zum Scheitern gebracht wird: Wenn von der Schule Janowskys ein falscher Weg in der Analyse des Sphygmogramms betreten wurde, so ist damit allein die Richtigkeit der Vermutungen Luisadas in keinem Fall ausgeschlossen; vielmehr ganz umgekehrt!

Analysiert man aber die Auseinandersetzungen des letzteren, so entstehen hier doch gewisse Bedenken; erstens betont Luisada, daß der Druck in der Aufnahmemanschette für die Kurvenaufzeichnung bis zum mittleren Blutdruck (des entsprechenden Gebietes) hochgepumpt werden muß. Ich möchte den von mancher Seite diesbezüglich gemachten Vorwürfen, daß man bei solchen Versuchsbedingungen nicht mit einer normalen, sondern erschwerten Zirkulation zu tun hat, nicht beipflichten, denn die peristaltische Welle müßte durch solche Aufnahmetechnik nicht gedämpft, sondern — dank einem peripheren Widerstande — nur verstärkt werden. Ein wichtiger Einwurf, der hier gemacht werden kann, besteht vielmehr darin, daß infolge sehr leicht möglicher Änderungen in der Blutdruckgröße während der Aufnahmeperiode (s. Abschnitt III) konnte bei gleichzeitig konstant bleibendem Kompressionsdruck der registrierenden Manschette, das Verhältnis $\frac{\text{Blutdruck}}{\text{Manschettendruck}}$ — oder mit anderen Worten der von der Manschette ausgeübte relative Druck — gewisse Schwankungen durchmachen. Es ist aber aus den älteren Arbeiten Fleischers gut bekannt, welch große Variationen in der Gestalt eines Plethysmogramms solche Veränderungen des Kompressionsdruckes auszuüben imstande sind.

Der schwächste Punkt der Rückschlüsse Geraudels und Luisadas liegt aber in dem Umstande, daß von diesen Autoren die im VI. Abschnitt dieser Abhandlung erörterten Arbeiten deutscher Forscher (Hürthle und Fleisch) über die Beziehungen zwischen Druck- und Volumschwankungen der Arterien, nicht genügendermaßen berücksichtigt wurden: falls eine aktive Gefäßsystole bestehe (welche also als eine prädikrote Incisur erscheinende Gefäßverengerung darstellen sollte), so müßte der in diesem Moment intraarteriell gemessene Blutdruck ansteigen (Förderung durch Pression). In der Tat verhalten sich die Sachen umgekehrt: Dem Moment des kleinsten Durchmessers des Gefäßes entspricht auch der kleinste Druck (s. Abschnitt VI). Somit werden durch die Ergebnisse der modernen Physiologie, die übrigens sehr elegante und vom theoretischen Standpunkte aus recht annehmbare Hervorhebungen Geraudels und Luisadas zum vollständigen Scheitern gebracht; da dieses den kardinellen Punkt ihrer Arbeiten — die Deutung der prädikroten Incisur — betrifft, so halte ich es für überflüssig, auf weitere Einzelheiten entsprechender Publikationen einzugehen.

Zusammenfassend ist also zu sagen, daß ein Teil der zur Begründung der neuen Kreislauftheorie ausgeführten sphygmographischen Arbeiten mit einer unzuläßlichen Methodik ausgeführt wurde; die Schlüsse eines anderen Teiles dieser Arbeiten stützen sich auf eine fehlerhafte Deutung des Sphygmogramms; der dritte Teil endlich steht in größtem Widerspruche mit der exakten Physiologie.

C. Die Blutstromgeschwindigkeit im Dienste der neuen Theorie.

1. Die Korotkowschen Schallerscheinungen.

Die bei Stenosierung der Armarterie mittels einer Manschette gleich unterhalb derselben feststellbaren auscultativen Phänomene wurden von Korotkow, einem Schüler Janowskys, entdeckt, in der Klinik des letzten in bezug auf die Blutdruckbestimmungsmethodik bearbeitet und dienten eine Zeitlang für die Anhänger des „peripheren Herzens" als ein die neue Kreislauftheorie bestätigendes Material.

Die Korotkowsche Schallskala wird bekanntlich aus folgenden Erscheinungen zusammengestellt: In typischen Fällen, bei allmählicher Druckerniedrigung in der über das Maximum hochgepumpten Manschette treten als erste Schallerscheinungen Töne auf, nach denen der maximale Blutdruck festgestellt wird; bei weiterem Auseinanderdrücken der Manschette gehen diese Töne in Geräusche über, welche des weiteren wieder als Töne hörbar werden. Diese „zweiten" Töne werden mit der fortschreitenden Verminderung der Armkompression entweder plötzlich abgerissen, oder aber werden deutlich abgeschwächt und gehen in die sog. 4. Phase über („Phase der schwachen Töne"); dieser Augenblick ist für den minimalen Blutdruck maßgebend. Es ist für unser Thema nicht unbedingt notwendig, die Frage über den Ursprung und die Mechanik der ganzen Korotkowschen Schallskala einer eingehenden Analyse oder einer Diskussion zu unterwerfen — das würde uns zu weit führen, und ich verweise hier nur auf die Arbeiten von Korotkow, Janowsky, v. Recklinghausen, Turkija, Mc William und Melvin, Ehret, Reh, Barbier, Schrumpf und Zabel, H. Straub u. a.

Das einzig wichtige Moment ist hier für uns die Phase der Geräusche, da diese nach Janowsky durch die Kraft der aktiven Arterienkontraktion erzeugt wird und also als ein „Geräusch der peristaltischen Welle" erscheint. Um dies zu beweisen, führt Janowsky folgende Überlegungen an: Das Erscheinen des stenotischen Geräusches steht in sicherem Zusammenhang mit den Blutgeschwindigkeitsschwankungen und hängt also von der Differenz des in dem betreffenden Moment vorhandenen Druckes oberhalb und unterhalb der Manschette zusammen; folglich muß dieses vom Standpunkt der alten Kreislauftheorie ceteris paribus anwachsen mit dem Anwachsen des maximalen Blutdruckes. Die Arbeiten der Schüler Janowskys (Kryloff) haben aber gezeigt, daß sogar bei einer und derselben Person die vorher ganz deutliche Geräuschphase bei Erhöhung des maximalen Druckes in gewissen Fällen verschwinden kann. Außerdem wies Janowsky auf den Umstand hin, daß es vom Standpunkt der alten Theorie das bisweilige Fehlen der Geräuschphase („trou auscultatoire" Gallavardins) nicht verständlich ist, und zwar deshalb, weil — nimmt man nämlich an, daß die Geräusche nur von einem bestimmten Stenosierungsgrad und einer bestimmten Druckdifferenz abhängig sind — ja der eine Umstand, wie auch der andere bei jeder Druckbestimmung vorhanden ist, da 1. der Gefäßabschnitt unterhalb der Stenose immer leer ist, und 2. bei jeder Messung alle Stenosierungsgrade durchgemacht werden. Weshalb sind bei diesen gleichen Bedingungen in einem Falle Geräusche vorhanden, im anderen Falle dagegen fehlen sie? Das alles kann nach Janowsky nicht durch die alte Kreislauftheorie erklärt werden, vom Standpunkt der neuen Theorie soll dies davon abhängen, ob das „periphere Herz" arbeitet oder nicht (vgl. auch Luisada). Perwoff, Tscherwiakowsky, N. Schwarz, Kurschakoff u. a. haben diese Vermutung durch die im III. (A und C) Abschnitt beschriebenen Erscheinungen zu stützen gesucht, und zwar dadurch, daß die im Versuche Janowskys stattfindende periphere Blutdruckerhöhung, Zunahme der Blutstromgeschwindigkeit, Prävalieren der dikroten Welle und Wiedereinsetzung der Capillarströmung nach einer Abkoppelung, genau der Geräuschphase entsprechen und immer bei der die Geräusche hervorrufenden Armkompression ihren höchsten Grad erreichen (Näheres s. im entspr. Abschnitt). Schwarz und Baranoff (auch Woskressensky) haben außerdem noch auf Grund ihrer gefäßauscultativen Untersuchungen finden können, daß heliotherapeutische Prozeduren in geeigneten Fällen die Geräuschphase zu verlängern vermögen, was ihrer Meinung nach auf eine die Gefäßperistaltik verstärkende Lichtwirkung hinweist.

Ich möchte hier auf der Tatsache, daß die Gefäßgeräusche ein sehr labiles Moment darstellen und daß die durch die Messung selbst hervorgerufenen Tonusänderungen auf die Gestalt der Korotkowschen Skala und speziell auf den Charakter der Geräusche von großem Einflusse sein können (vgl. Gallavardin, Tixier u. a.), nicht verweilen — denn es erscheint ja sogar à priori ganz verständlich —, ich halte es für zweckmäßiger auf folgende Tatsachen hinzuweisen:

Laut den Grundgesetzen der neuen Kreislauftheorie steigt die Kraft der Gefäßwelle bei Schwäche der Herzwelle, eo ipso muß die Geräuschphase in Fällen von Herzschwäche besonders stark ausgeprägt sein und umgekehrt. Schon Fischer hat aber darauf die Aufmerksamkeit gelenkt, daß bei Herzschwäche die Geräusche fehlen und daß nach Verabreichung von Herztonicis die 2. Phase wieder deutlicher wird; auch nach Ignatowsky fehlt die Geräuschphase fast ausschließlich bei Herzinsuffizienz. Weber, Tornai sind gleichfalls der Meinung, daß die Intensität der Geräusche in direktem Zusammenhange mit der Kraft der Herzkontraktion steht.

Sehr lehrreich ist in dieser Hinsicht der Versuch Tornais: Werden auf den Arm zwei Manschetten nebeneinander angelegt und wird der Druck in der oberen etwas unter das Maximum gestellt, wodurch die Herzwelle geschwächt wird, so werden die Geräusche schwächer, ja sie können sogar verschwinden und durch Töne ersetzt werden.

Zu ganz anderen Schlüssen kommt Barbier, welcher die Beobachtung machen konnte, daß bei Besserung der Herzkraft die Geräusche in manchen Fällen abnehmen. Diese Widersprüche in den Befunden Barbiers einerseits und Tornais andererseits suchte Reh dadurch zu erklären, daß es sich in entsprechenden Abhandlungen um verschiedene Kategorien von Fällen gehandelt hat. Diese Frage wurde nochmals speziell von Mjassnikow, Neschel und Skržinskaja studiert; auch diese Autoren fanden, daß die Geräuschphase viel häufiger bei Personen mit gesundem Herzgefäßsystem vorkommt und daß ferner bei solchen Personen physische Belastungen die Geräusche verstärken; bei Herzkranken im schweren Krankheitsstadium aber fehlt die Geräuschphase gänzlich, oder sie ist schwach ausgeprägt; die bemerkenswerteste Tatsache aber ist die, daß bei Extrasystolie normale (starke) Herzkontraktionen in gewissen Kompressionsgraden ein Geräusch erzeugen, indem die Extrasystole unter denselben Bedingungen einen Ton gibt; in bestem Einklang damit steht auch der häufig zu beobachtende Umstand, daß bei Tachykardie die Geräuschphase sehr kurz sein oder sogar gänzlich fehlen kann. Auch die Beobachtungen Luisadas (unter Vaquez) stimmen damit überein: Bei totalen Bradykardien („normotypes") ist die Geräuschzone sehr breit, bei ventrikulären Bradyrhythmien dagegen werden die Geräusche gedämpft und es kann sogar zur stummen Zone kommen.

Das alles muß überzeugen, daß die Geräuschphase in gerader genetischer Abhängigkeit von der Kraft der Herzkontraktion steht, was natürlich der Theorie des „peripheren Herzens" vollständig widerspricht.

Ein anderer Beweis, welcher gegen das „periphere Herz" angeführt wird, ist der, daß bei erschwertem peripherischem Abfluß (z. B. Kompression der Arterie unterhalb der Manschette), d. h. dann, wenn infolge eines Hindernisses, auf Grund der neuen Theorie, alle Bedingungen zur Verstärkung der Gefäßperistaltik gegeben sind, die Geräuschphase abgeschwächt wird und verschwindet (Bard, Mjassnikow, Neschel und Skržinskaja).

Sehr hübsch wurde von den letzten Autoren ein Beispiel, welches von Janowsky vom Standpunkte der neuen Theorie vorgetragen wurde, analysiert (s. Tabelle 5):

Tabelle 5. (Nach Kryloff.)

	Max.	Geräusche		Min.	
5. 2.	132	0	0	100	dekompensiert
6. 2.	125	0	0	100	
12. 2.	122	0	0	105	
27. 4.	110	96	85	85	kompensiert
28. 4.	101	94	90	90	
29. 4.	107	97	84	83	

Dieser Fall wurde von Janowsky als Beispiel einer Inkongruenz zwischen der Blutdruckhöhe und der Größe der Geräuschphase angeführt (die Geräusche fehlen bei höherem Blutdruck und kommen beim Druckabfall zum Vorschein), was vom Standpunkt der alten Theorie unerklärbar ist. Mjassnikow, Neschel und Skržinskaja wiesen aber ganz richtig darauf hin, daß dieser Fall ein Beispiel der im Abschnitt III. beschriebenen Hochdruckstauung darstellt, bei Dekompensation ist aber die Blutgeschwindigkeit verlangsamt (Ignatowsky). Dasselbe Beispiel kann ferner auch erklären, warum die Geräuschphase in einem Teil der Fälle vorhanden ist, in einem anderen Teil dagegen fehlt: Die Blutgeschwindigkeit hängt auf der betreffenden Stelle, abgesehen von allen anderen Bedingungen, auch vom Grade der Blutfüllung des peripherischen Arterienabschnittes ab; dieser wird im Moment der vollständigen Stenose bei Dekompensation (Stauung) weniger leer sein als in normalen Bedingungen, was ein kleineres Gefälle und also eine Abschwächung der Geräusche zur Folge haben wird.

Zum Schluß sei noch die Polemik in bezug auf die Korotkowschen Phänomene bei Hypertonie erwähnt. Laut der neuen Theorie ist gerade bei der Hypertension die Gefäßperistaltik sehr stark ausgeprägt (Hypertrophie der Muscularis, s. o.); es wäre zu erwarten, daß hier die Geräusche besonders intensiv sein müßten. Demgegenüber werden bei Hypertonie die Töne deutlich gehört, die Geräusche fehlen dagegen (Cook und Taussig, Mjassnikow, Neschel und Skržinskaja [1]). Kurschakoff will dies dadurch beweisen, daß die Gefäßwand in diesen Fällen sich in spastischem Zustande befindet und die peristaltische Welle daher schlecht ausgeprägt sei („Gefäßcontractur") — eine durch nichts begründete Erklärung. Übrigens sei bemerkt, daß selbst Janowsky darauf hinweist, daß bei Tonusverstärkung nur die Geräuschphase hörbar wird, nicht aber die Töne. Ich von meiner Seite kenne solche Fälle von Hypertonie, wo alle 3 Phasen zu hören sind. Bereits diese Verschiedenartigkeit der Hinweise von verschiedenen Autoren bezeugt, daß das Substrat selbst nicht zur Lösung der uns hier interessierenden Fragen geeignet ist, und ich kann es wohl verstehen, daß der langjährige Assistent Janowskys und der eifrigste Verteidiger des „peripheren Herzens" Kurschakoff in seinem Programmvortrag auf dem 10. Allrussischen Internistenkongresse sich von der Verwendung der Korotkowschen Schallerscheinungen zugunsten der neuen Kreislauftheorie fernhielt.

In unseren experimentellen, gemeinsam mit Arjeff angestellten Untersuchungen wurde eine gleichzeitige Aufzeichnung der auscultativen Erscheinungen und der Blutdruckveränderungen bei der Stenosierung einer Arterie vorgenommen. Es ist zu bemerken, daß bei Stenosierung der Arterie bei Hunden (nicht der ganzen Extremität mittels einer Manschette, sondern elektiv [mittels einer Klemme] des Gefäßes selbst) unterhalb der Stenosierung niemals Töne gehört werden, sondern die auscultativen Erscheinungen bestehen nur aus Geräuschen verschiedener Intensität und Dauerhaftigkeit; da in Fällen von artifizieller Aorteninsuffizienz auf denselben Arterien die Töne auch ohne Stenosierung deutlich hörbar sind (s. oben Abschnitt III, 2.), so kann das Fehlen der Töne beim Hunde im Versuche Janowskys durch die Schwäche der Schallerscheinungen in den Gefäßen nicht erklärt werden und gibt den Anlaß, uns der Meinung von Barbier anzuschließen, der im Prozesse der Entstehung der Töne eine beträchtliche Rolle der Manschettenresonanz zuzusprechen geneigt ist.

In dieser Hinsicht stehen unsere Ergebnisse in völligem Widerspruch zu denen von Merke und Müller, welche gleichfalls das Stenosieren des freigelegten Gefäßes mit gleichzeitiger Gefäßauscultation ausführten und fanden, daß bei Ziegen unter solchen Bedingungen nur Töne, niemals aber Geräusche zu hören sind; dieser Widerspruch kann dadurch erklärt werden, daß Merke und Müller sich nicht einer Klemme, sondern einer speziell angefertigten Manschette bedienten; vielleicht könnte hier auch außerdem noch der Umstand eine Rolle spielen, daß die von Merke und Müller verwendete Manschette aus Glas (also starr) war (vgl. Weber, Mc William und Melvin). Daher möchten wir hier, ohne unsere Ergebnisse in dieser Richtung speziell analysieren zu wollen (da dazu keine genügend faßbare Tatsachen vorhanden sind), nur die Meinung äußern, daß die von Barbier hervorgehobenen Möglichkeiten den Grund dieser Verschiedenheit zu stellen scheinen.

---

[1] Ebenso läßt es sich mit einigen Punkten der neuen Theorie die Beobachtung Fischers nicht verknüpfen: Bei Anämie ist die Geräuschphase sehr deutlich und lang. Sie müßte also auf eine starke Gefäßperistaltik hinweisen; Perwoff und N. Schwarz haben aber in ihren sphygmomanometrischen Studien gefunden, daß gerade bei Anämien die Gefäßperistaltik abgeschwächt ist (ähnliche Widersprüche zwischen den einzelnen Teilen der neuen Theorie bestehen auch in anderen Blutgeschwindigkeitserscheinungen; s. u.

Außerdem ist für unser Thema noch folgender Umstand von Interesse: Untersucht man einen kräftigen Hund, so können an der A. cruralis bei gewissen Stenosierungsgraden sehr deutliche Geräusche auscultiert werden; stellt man aber zu Blutdruckregistrationszwecken eine Kanüle in die Art. tibialis posterior hinein, so fällt sofort die Geräuschintensität in der A. cruralis, was natürlich durch die Verstärkung des peripheren Widerstandes (Ausschaltung eines ziemlich starken Arterienastes) zu erklären ist und völlig den Beobachtungen von Bard, Mjassnikow, Neschel und Skržinskaja entspricht; mit der Theorie des „peripheren Herzens" steht diese Erscheinung natürlich in sicherem Widerspruch, da gerade mit der Vergrößerung des peripheren Hindernisses die Gefäßperistaltik, also auch die ihr zugeschriebenen Geräusche stärker sein müßten. Außerdem — und das hat eine unmittelbare Beziehung zur neuen Theorie — haben unsere Versuche gezeigt, daß das Zusammenfallen der Geräuschzone mit den Druckerhöhungen innerhalb des Gefäßes im Versuche Janowskys (Janowsky, Perwoff, Schwarz, Kurschakoff) in Wirklichkeit nicht stattfindet. Das Fehlen dieser Druckerhöhung wurde sowohl von uns als auch von Waldmann, Sčukareff und Zawodskoj schon früher festgestellt (s. oben). Es blieb jedoch unsicher, welchem Grade der Blutdruckerniedrigung die Geräusche entsprechen. Dieses zu erforschen, schien daher von Interesse, weil die Frage auftauchte, ob die Gefäßperistaltik den bei der Stenose fallenden Druck vielleicht auszugleichen vermag (vgl. unsere Erwiderung an Schwarz); wäre in Wirklichkeit eine derartige Kompensation vorhanden, so müßten die Geräusche den anfänglichsten Graden der Druckerniedrigung entsprechen. Unsere Versuche aber haben gezeigt (s. Abb. 16), daß die Geräusche dem Moment des kleinsten intraarteriellen Druckes entsprechen, was ein weiterer Widerspruch in Hinsicht der neuen Theorie darstellt und in Zusammenhang mit all dem Obenerwähnten auf die Richtigkeit der Vorstellungen hinweist, daß der Hauptfaktor der Geräuschentstehung das Druckgefälle und nicht der Druck ist.

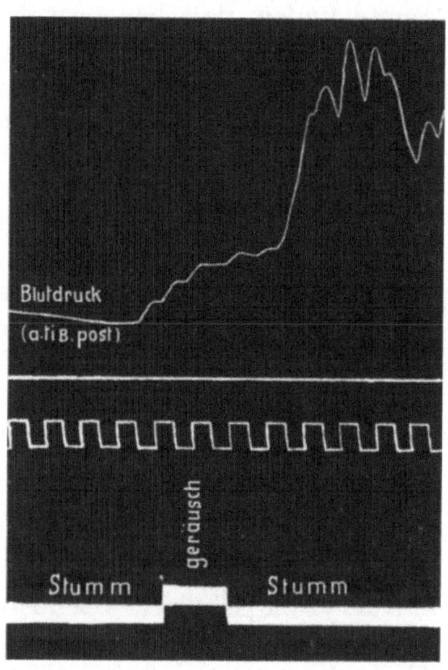

Abb. 16. Gleichzeitige Registration des intraarteriellen Druckes und der Korotkowschen Schallerscheinungen im Versuche Janowskys an einem normalen Hunde. (Nach Arjeff und Frenckell.)

Zusammenfassend muß gesagt werden, daß die Deutung der Korotkowschen Schallerscheinungen vom Standpunkt der neuen Kreislauftheorie immer sehr schwach gewesen ist; sie wurde durch keine faßbare Tatsachen bestätigt und eher durch experimentelle Studien diskreditiert, so daß in der jüngsten Zeit selbst einige Anhänger des „peripheren Herzens" davon Abstand zu nehmen geneigt sind.

2. Plethysmographische Studien.

Ein neuer Weg wurde im Studium der Blutgeschwindigkeitsfragen vom Standpunkt des „peripheren Herzens" betreten, als Janowsky die von seinem Schüler Ignatowsky ausgearbeitete plethysmographische Methodik zu diesem Zwecke verwendete. Nach dieser Methode urteilt man über die Blutgeschwindigkeit nach der Intensität der Blutstockungsausbildung der Extremität (gewöhnlich des Armes). Ohne auf die Einzelheiten der Methodik hier näher einzugehen, welche im Original nachzusehen sind, sei nur erwähnt, daß der vergleichende Blutgeschwindigkeitsexponent nach folgender Formel berechnet wird: $C = \frac{x \,.\, 1000}{V}$, wo x die während 15 Sekunden durchgeflossene Blutmenge

(= Zunahme des Armvolumens) und V den Umfang der Extremität vor dem Bluteinlaß darstellt (der Koeffizient 1000 ist zum Überführen auf die gleichen Maße des Armes eingeführt).

Selbst Ignatowsky hat mit dieser Methodik gefunden, daß bei normalen Personen unter dem Einfluß von warmen Bädern der systolische Druck in den großen Gefäßen fällt, die Blutstromgeschwindigkeit aber anwächst; diese Erscheinung kann nach Ignatowsky nur durch selbständige propulsive Tätigkeit der Gefäße erklärt werden, da das zentrale Herz dabei seine Kraft augenscheinlich nicht steigert. Dobrynina, welche mit derselben Methodik arbeitete und den Einfluß von lokalen thermischen Agenzien auf den Kreislauf studierte, konnte finden, daß bei normalen Personen unter dem Einfluß von warmen Bädern der Blutdruck in entsprechenden Gebieten folgende Veränderungen durchmacht: er fällt ab in den großen Gefäßen und steigt an in den kleinen, wobei die Blutstromgeschwindigkeit zunimmt; solche Erscheinung wird als Äußerung der Arbeitssteigerung eines normal wirkenden „peripheren Herzens" aufgefaßt. Bei Sklerotikern dagegen werden andere Beziehungen beobachtet: in den großen Gefäßen ist statt der normalen Erniedrigung in mehr als der Hälfte der Fälle eine Erhöhung festzustellen; die Blutgeschwindigkeit ist dabei entweder gar nicht oder sehr unbedeutend erhöht. Den Grund dieser Besonderheit der Reaktion von Sklerotikern will Dobrynina teils in der ungenügenden Erweiterung der sklerotischen Gefäßwand unter dem Einfluß von thermischen Faktoren, teils aber in ihrer verminderten Arbeitsfähigkeit als Folge der Koordinationsstörung zwischen den Kontraktionen des Gefäß- und Herzmuskels suchen, da, trotz Arbeitsvergrößerung des letzten — worauf die Druckerhöhung in den größeren Gefäßen hindeuten soll — eine Blutgeschwindigkeitszunahme entweder sehr wenig oder überhaupt nicht ausgeprägt ist; ähnliche Ansichten waren vor Dobrynina auch von anderen Schülern Janowskys, nämlich von Djakoff und Kryloff geäußert, welche durch dieselbe Dissoziation die Blutgeschwindigkeitsabnahme bei Nephritikern und Sklerotikern mit Ödemen erklärten. Also sehen wir, daß im Grunde dieses lokalen Phänomens die Anhänger des „peripheren Herzens" dieselben Ursachen zu sehen geneigt sind, welche sie als allgemeine Ursache der Hochdruckstauung auffassen; da nun die Unstichhaltigkeit solcher Auffassungen bereits im Abschnitt III eingehend besprochen ist, halte ich es für überflüssig, zu den dort gemachten Erwiderungen zurückzukehren.

Djakoff konnte beim Untersuchen der Blutgeschwindigkeitsveränderungen unter dem Einfluß physikalischer Anstrengungen und thermischer Vorgänge außerdem noch finden, daß in gewissen Fällen der systolische Druck dabei erhöht wird und die Blutgeschwindigkeit sich vergrößert; doch betreffen diese Veränderungen nur denjenigen Arm, der der obenerwähnten Einwirkung ausgesetzt wurde, auf der Kontrollextremität dagegen bleiben diese Erscheinungen aus. Auf Grund dessen zieht der Autor folgende Rückschlüsse: Hängt der systolische Druck wirklich von den Veränderungen der Herzarbeit ab, so muß die Veränderung dieses Faktors nicht nur auf der betr. A. brachialis, sondern auf allen übrigen Arterien sich kundgeben; wenn aber im menschlichen Organismus rein lokale Änderungen des Blutdruckes und -stromes möglich sind, so sind diese Erscheinungen augenscheinlich von den aus der Gefäßwand selbst stammenden Kräften abhängig; nach Djakoff können diese Schwankungen nicht auf die Verstärkung des Gefäßtonus zurückgeführt werden, da bei Tonusverstärkung die Geschwindigkeit nicht zu-, sondern abnehmen müßte.

Waldmann und Abdulaeff, welche diesen Auffassungen entgegenkamen, suchten die beschriebenen Erscheinungen vom Standpunkte der alten Theorie durch andere ziemlich komplizierte Vermutungen zu erklären, auf welche ich jedoch nicht näher eingehen will, da diese nicht mehr begründet als die Voraussetzungen Djakoffs zu sein scheinen. Somit sind die von Djakoff beobachteten Tatsachen von der alten Theorie vorläufig nicht genügendermaßen erklärt.

Es ist noch von Interesse, folgende von Djakoff bemerkte Tatsache zu erwähnen: Die Blutgeschwindigkeit bei Kachektikern mit Ödemen (Carcinom, Tbc. ist nicht kleiner, d. h. die Arbeit der Gefäßmuskeln ist normal. Perwoff fand dagegen (s. III. Abschn.), daß die Kraft der sphygmomanometrisch bestimmten peristaltischen Gefäßwelle gerade in solchen Fällen bedeutend abgeschwächt ist. Es entsteht eine vollständige Verwirrung in den Vorstellungen, da einer und derselbe Faktor, nach einer Methode anwesend, bei Bestimmung nach der anderen Methode dagegen als fehlend erscheint. Die Frage wurde noch verwickelter, als die Anhänger derselben Schule, N. Schwarz und Babina, im Gegenteil zu Djakoff ein Fehlen der Blutgeschwindigkeitsvergrößerung unter dem Einfluß von physikalischer Arbeit bei Anämikern und Carcinomkranken fanden. Den Gipfel aller dieser Experimente stellt sicher die unlängst von Okunew bestätigte Arbeit von Tscherwjakowski dar: Dieser Autor fand bei der Plethysmographie des im II. Abschnitte beschriebenen Janowskyschen Stenosierungsversuches, daß der Blutzufluß zur Extremität bei denjenigen Kompressionsgraden der Arterie, welche der Korotkowschen Geräuschphase entsprechen, größer sein kann als bei deren vollständigen Lichtung. Wenn wir nun die Druckerhöhung bei diesen Bedingungen (s. Abschn. III, A) in gewissen Fällen und mit gewissem Vorbehalt noch annehmen und erklären konnten, so erscheinen die von Tscherwiakowsky und Okunew beschriebenen Tatsachen so auffallend und sonderbar, daß sie im besten Falle nur durch die Unexaktheit der Methodik erklärt werden können. Allerdings hinderte dies Tscherwiakowsky nicht, die Anzahl der von niemand außer den Autoren selbst angewandten Formeln zu vermehren und auf Grund der Armstauung einen Koeffizienten für die funktionelle Tätigkeit des „peripheren Herzens“ abzuleiten (näheres im Original). Jedenfalls muß mit einer endgültigen Deutung dieser Tatsachen — als auch der von Djakoff beschriebenen Erscheinungen —, bevor sie mit einer dazu mehr geeigneten Methode (Broemsers Differentialsphygmographie) am Krankenbette nicht nachgeprüft sind, abgewartet werden.

Man solle aber nicht denken, daß auf Grund des Obenerwähnten der plethysmographischen Blutgeschwindigkeitsmethode jegliche Bedeutung abzusprechen wäre. Im Gegenteil; es ist aber wohl notwendig, solche Rückschlüsse zu ziehen, welche den wirklich erhaltenen Tatsachen entsprechen; die letzten ausgezeichneten plethysmographischen Arbeiten von Eppinger und seinen Schülern sind in dieser Hinsicht besonders demonstrativ.

Aber alle Besonderheiten derartiger Definitionen werden sich naturgemäß hauptsächlich um den von allen anerkannten und verstandenen Gefäßtonus drehen. Man kann nur Waldmann beipflichten, wenn er dies hervorhebt. Um seinen Standpunkt, daß nämlich die Labilität des Plethysmogramms von Labilität des Gefäßtonus abhängt, zu unterstützen, wiederholte er, gemeinsam mit Abdulajew, die obenerwähnten Versuche nach einer viel genaueren Methodik auf seinem Plethysmographenmodell mit kymographischer Aufzeichnung der Veränderungen. Er fand dabei, daß bei manchen Personen mit einem sehr

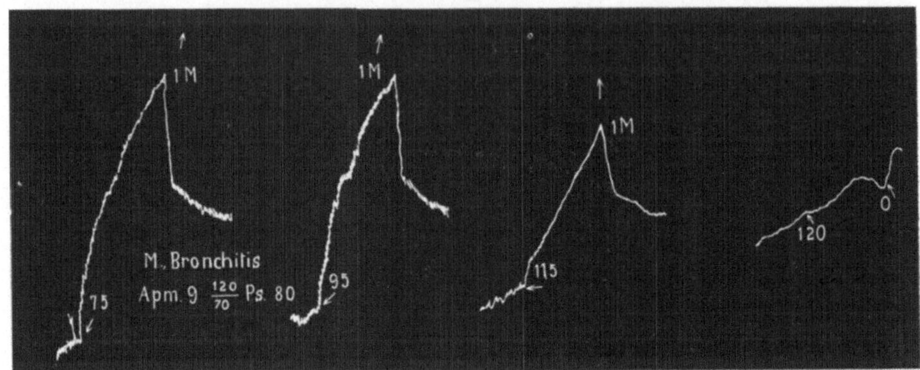

Abb. 17. Plethysmographie des Versuchs Janowskys. Gleichmäßige Verkleinerung des Plethysmogramms mit der Zunahme der Armkompression. (Nach Waldmann und Abdulajew.)

labilen Tonus die Kurven eine sehr deutliche Abhängigkeit von Muskelkontraktionen, von Temperaturschwankungen, von psychischen Einwirkungen haben; sogar das einfach laute Zählen kann bei solchen Personen die Blutgeschwindigkeit beschleunigen. Bei anderen Menschen dagegen wird ein stabilerer Tonus beobachtet, so daß auch eine vielmalige Versuchswiederholung ein und dasselbe

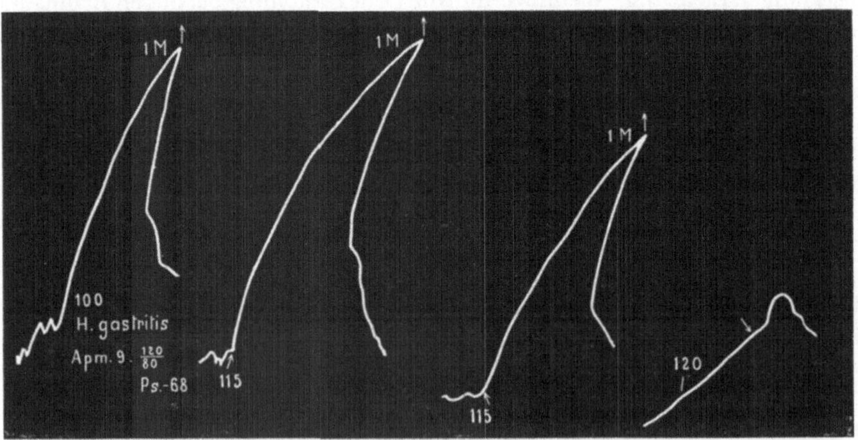

Abb. 18. Plethysmographie des Versuchs Janowskys. Unregelmäßige Veränderungen des Plethysmogramms bei Armkompression. (Nach Waldmann und Abdulajew.)

Bild aufweist. Es scheint nur angebracht zu sein, zum Schluß die von Waldmann und Abdulajew erhaltenen Resultate des Plethysmographierens des Stenosierungsversuches von Janowsky zu besprechen. Zugleich mit dem gleichmäßigen Verkleinern des Plethysmogrammes, parallel der Kompressionssteigerung der Armarterie (siehe Abb. 17), können auch weniger gleichmäßige (Abb. 18) etwa dem Typus von Tscherwiakowsky ähnliche (aber natürlich quantitativ verschiedene) Kurven beobachtet werden. Wie vorsichtig man aber mit der Deutung derartiger Veränderungen sein muß, zeigt die Abb. 19. Hier gibt ein viermal aufgenommenes Plethysmogramm, bei einem und demselben Stenosegrade der Armarterie, während eines sehr geringen Zeitabschnittes gänzlich verschiedene Kurven. Somit haben Waldmann und Abdulajew völlig recht, daß die in der Theorie des „peripheren Herzens" sich vertiefte Schule Janowskys die Rolle des Gefäßtonus als eines Blutzirkulationsregulators und als einer automatischen Vorrichtung, welche die Gefäßlichtung ändert und die Ständigkeit des Blutbettumfanges bewährt, vernachlässigt.

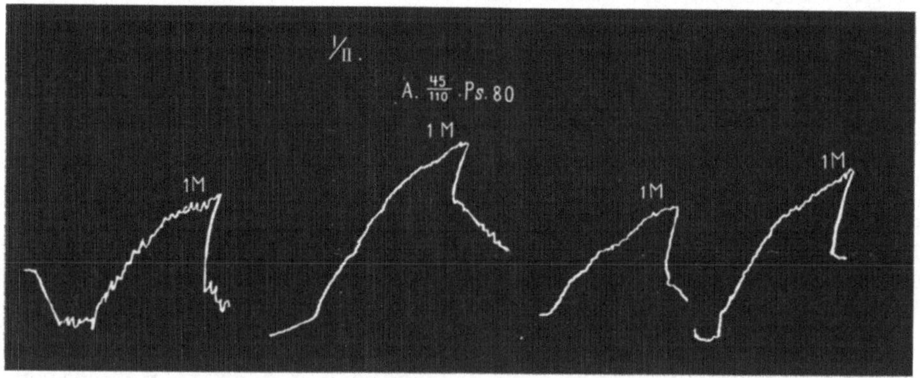

Abb. 19. Plethysmographie des Versuchs Janowskys. Sehr labiles Plethysmogramm. Der Manschettendruck in allen Fällen 110 mm Hg. Versuchsdauer 1 Minute. (Nach Waldmann und Abdulajew.)

Zum Schluß sei noch bemerkt, daß alle diese Tatsachen nicht experimentell wiederholt sind und daß hauptsächlich die Wirkung auf das Plethysmogramm derselben, aber elektiv auf die entsprechenden Arterien angewandten Einflüsse nicht nachgeprüft ist, wie dies von uns in sphygmomanometrischen Versuchen (s. Abschnitt III, A) gemacht wurde. Allein das erscheint mir auch unnütz, da die Plethysmographie eine zu grobe Methode im Vergleich zu der Feinheit derjenigen Fragen ist, die mittels derselben Janowsky beantworten wollte; sie wird wahrscheinlich niemals eine genügende Antwort auf diese Fragen geben können. Ich verstehe hier unter dem Worte „grob" keine absolute Untauglichkeit der plethysmographischen Methode überhaupt, sondern eine Untauglichkeit derselben nur zur Analyse von Erscheinungen, in denen die sie vermutlich zusammenstellenden Komponente — in diesem Falle die hypothetische Gefäßperistaltik und der unzweifelhafte Gefäßtonus — vorläufig auf plethysmographischem Wege noch nicht scharf zu unterscheiden sind, und ich möchte mit Waldmann und Abdulajew völlig übereinstimmen, daß die mittels dieser Methodik erhaltenen Resultate nicht zur Analyse der Hämodynamik, sondern eher zum Verständnis der Hämostatik dienen werden.

Wird man die in diesem Kapitel besprochenen Fragen experimentell vertiefen wollen, so wird die Franksche Differentialmanometrie wohl das einzige brauchbare Verfahren sein.

Zusammenfassend dürfte gesagt werden, daß die zugunsten der neuen Theorie mittels der plethysmographischen Methode erhaltenen Beweise vorläufig nicht überzeugend sind und, ebenso wie einige früher erwähnten Beweise, den anderen Teilen derselben Theorie nicht entsprechen. Die mit dieser Methode gewonnenen und spekulativ zugunsten der neuen Kreislauftheorie verwendeten Tatsachen erscheinen viel wahrscheinlicher, wenn diese wenig deutlichen, der „peristaltischen Welle“ zugeschriebenen Erscheinungen durch die Wirkung des Gefäßtonus erklärt werden.

IV. Die Rolle der Capillaren.

Eine der von allen Anhängern der neuen Kreislauftheorie (von Sénac bis Janowsky) am häufigsten und am vieldeutendsten wiederholten Fragen ist die Frage, auf welche Weise das Herz imstande ist, das Blut durch den ungeheuren Widerstand des Capillarnetzes und besonders durch die Gebiete des doppelten (bei Fischen — sogar dreifachen) Capillarnetzes, ohne aktive Hilfe der Capillaren selbst, durchzupressen.

Ich kann aus Raummangel nicht all die von den Anhängern der neuen Theorie in dieser Richtung angeführten Beweise eingehend besprechen, da sie vor allem sehr abstrakt sind — ich möchte hier nur auf diejenigen Tatsachen die Aufmerksamkeit lenken, welche von den Verteidigern des „peripheren Herzens“ entweder vergessen oder falsch gedeutet werden. Vor allem werden die grundlegendsten Gesetze des Durchfließens von Flüssigkeiten durch Capillarröhrchen gänzlich außer acht gelassen und, wenn die Poiseuillesche Grundformel, welche mit der Fortbildung unserer Vorstellungen vielleicht immer mehr primitiv erscheint, nicht ganz vergessen wird, so wird eine andere von Poiseuille festgestellte Tatsache wohl sicher vergessen, daß nämlich das Wasser allerdings aus den Capillaren fließt, wenn man die Ausflußöffnung des Röhrchens unter Wasser bringt. „Offenbar entsprechen die Verhältnisse im Haargefäßsysteme dem letzteren Falle, weil da Capillaren und Venen unmittelbar ineinander übergehen und beide mit Blut erfüllt sind“ (Volkmann).

Trotzdem wird niemand bestreiten wollen, daß das Capillarsystem einen großen Widerstand darstellt; wenn aber die Anhänger der neuen Theorie auf die große Menge der Capillaren, als auf einen Widerstand hinweisen (Janowsky, N. Schwarz, Warschamoff u. a.), so ist dabei sicher ein Mißverständnis vorhanden: Die Größe dieses Widerstandes hängt von seiner Form ab, so daß die Capillaren nur dann wirklich ein unüberwindliches Hindernis darstellen würden, wenn sie alle eine Fortsetzung des anderen wären und einen einzigen Kanal von enormer Länge bildeten; „die Kraft des Widerstandes wird aber in demselben Grade vermindert, als sie der Zahl nach vermehrt werden“ (Volkmann)[1].

Es ist zu sagen, daß es überhaupt an Versuchen, auf rein mathematischem Wege der Lösung dieser Frage näherzukommen, nicht gefehlt hat; wenn man aber dessen gedenkt, was oben von dem Schicksal verschiedener Berechnungen auf dem Gebiete der Kreislaufphysiologie gesagt wurde, so erscheint es ganz klar, daß ähnliche Arbeiten zu verschiedensten Resultaten und also, anstatt der Lösung der gestellten Frage zu einer noch größeren Verwicklung geführt haben. Ich halte es für unnütz, alle diese Einwände aufzuzählen, da dies nicht derjenige Weg ist, den wir zur Erforschung der Frage beschreiten müssen; es sei hier nur hingewiesen, daß Volkmann, der doch so viel Mühe der Hämodynamik gewidmet hatte, bereits 1850 schrieb, daß „in der großen Mehrzahl der warmblütigen Tiere der Druck einer halben Atmosphäre mehr als ausreichend ist, um die Widerstände zu besiegen, und wir haben keinen Grund zu zweifeln, daß der Herzmuskel einer solchen Leistung gewachsen ist“. Wenn aber alle diese Vorstellungen doch eine gewisse der physiologischen Mathematik immer eigene Abstraktheit besitzen, so ist das folgende Beispiel für uns von größerer Beweiskraft: Die Niere (mit ihrem komplizierten doppelten Capillarnetz), welche normalerweise in vivo z. B. bei einem Kaninchen auf einen Blutdruck von etwa 90—100 mm Hg eingestellt ist, kann als isoliertes Organ bei einem Druck von 70—80 mm Hg von einem nicht pulsierenden Flüssigkeitsstrahl durchströmt werden (vgl. Zakussow), d. h. ohne jegliche Förderung der Gefäßperistaltik dieses Organs (s. oben). Auch Hürthles Betonung steht damit in bestem Einklange: „Mit welchem Recht kann auf eine aktive Mitwirkung der Gefäße geschlossen werden aus der Beobachtung, daß am lebenden Tier nach dem Abbinden der Bauchaorta gefärbte Flüssigkeit in das periphere Ende schon unter einem Druck von 2 dm Wasser einläuft?“

[1] Diese Auffassung ist allerdings eine nicht ganz strenge Wiedergabe des Poiseuilleschen Gesetzes.

Jedoch viel interessanter und in manchen Beziehungen auch viel beweiskräftiger erscheinen die nach der Methode der unmittelbaren Beobachtung der Capillartätigkeit ausgeführten Arbeiten. Seitdem diese von Krogh zum zweiten Male entdeckt wurden, lenkte dieses Gebiet eine ungeheuer große Aufmerksamkeit und schaffte in der klinischen Physiologie eine vielleicht doch von mancher Seite gewissermaßen modeartig aufgefaßte Epoche; mit dieser Mode schien aber auch die neue Blutkreislauftheorie zeitweilig gewonnen zu haben. Dies bewirkten auch in beträchtlichem Maße die zahlreichen Arbeiten der Kopenhagener Schule, welche in erschöpfender Weise sowohl die Arbeit des Verschlußapparates, als auch den völligen Automatismus der Capillaren selbst erforschte [1]. Allein trotz einer Reihe für die neue Theorie günstiger Schlüsse, welche von ihren Anhängern aus diesem Materiale gezogen wurden (vgl. z. B. Schorr), wurde Krogh selbst niemals zum Anhänger der neuen Theorie — in der 2. Auflage seines bewundernswerten Buches äußert er sich vielmehr mit einer gewissen Verachtung über die Arbeiten, welche dem „peripheren Herzen" immer gewidmet werden.

Bei Besprechung der Frage, über die Möglichkeit für die Capillaren eine Blutlokomotion auszuüben, müssen wir demselben Plan folgen, den wir bei Analyse der Arterienarbeit angenommen haben, d. h. wir müssen folgende Fragen beantworten: 1. sind die Lichtungsverengungen der Capillaren genügend ausgeprägt; 2. verbreiten sich diese Einschnürungen peristaltisch von arterialem Schenkel zum venösen; 3. besteht eine genügend schnelle Fortpflanzung derartiger Peristaltik und 4. sind die Capillarbewegungen rhythmisch und inwiefern sie den Herzkontraktionen synchron sind.

Was den 1. Punkt anlangt, so gestalten sich hier die Verhältnisse zugunsten der neuen Theorie, denn jeder, der einmal am Capillaroskop gesessen hat, wird sicher beobachtet haben, daß die Capillaren die Fähigkeit eines tiefen Einschnürens ihrer Lichtung besitzen (ja sogar bis zu einem vollständigen Abschnüren des Inhaltes), was naturgemäß den im II. Abschnitte besprochenen Forderungen von Heß entspricht und was in den Arterien nur bei seltenen besonders pathologischen Versuchsbedingungen vorkommen kann (vgl. G. Magnus).

Ganz anders steht die Sache mit der Capillarperistaltik. Es bestehen hier zwei unversöhnliche Lager. Die namhaftesten Verteidiger des „peripheren Herzens" in der Capillarperistaltik sind: Kylin, Thaller und v. Draga, G. Magnus u. e. a.

Abgesehen von den älteren spekulativ-hypothetischen Vorstellungen Hasebroeks [2] über die blutfördernde Rolle der Capillaren, waren Thaller und v. Draga, sofern ich weiß, die ersten, die durch direkte Beobachtungen dieselbe Auffassung zu stützen versuchten, indem sie capillarperistaltische Wellen beschrieben hatten. Die Untersuchungen des Chirurgen Magnus haben zu denselben Resultaten geführt, wobei dieser Autor eine wurmartige ziemlich träge Bewegung, die der Kontraktion eines Darmabschnittes sehr ähnlich sieht, beschrieb; es sei aber bemerkt, daß diese, nach den Angaben Magnus selbst, in der Regel nur auf eine sehr kurze Gefäßstrecke sich ausdehnt. Seine Befunde faßt G. Magnus als eine blutförderndwirkende Gefäßwandperistaltik auf. Auch

[1] Vgl. auch die älteren Arbeiten von Severini, Stricker, Golubew, Mayer, Steinach und Kahn.

[2] Nicht darum will ich an diesen Arbeiten vorbei, weil sie etwa tief fehlerhaft oder etwa uninteressant waren. Im Gegenteil — alle die je von Hasebroek ausgesprochenen Vermutungen fesseln dank ihrer Originalität, obgleich sie vielleicht nicht immer beweisend sind; ich passiere nur deshalb diese Arbeiten, weil die von Hasebroek angewandte Methode des Denkens meines Erachtens zu unmodern ist. Um nicht unbegründet zu bleiben, führe ich die Worte des Verfassers an: „Kann man und wird man mir auch nicht in allem folgen, da der Weg sehr nahe am Gebiet des Vitalismus vorbeiführt ..." usw. Wirkt man in Rußland, wo die Gewalt des Pawlowschen Genies alles beherrscht, so wird man von solchem Auffassungen natürlich nicht viel halten können.

Parrisius hat peristaltische Capillarbewegungen beim Menschen in den Lokalasphyxiebedingungen beschrieben, wobei es aus den der Arbeit beigelegten Abbildungen zu ersehen ist, daß der arterielle Capillarschenkel zur Peristaltik unfähig erscheint und dieselbe sich nur auf den venösen beschränkt; die Einschnürung ist dabei sehr tief und beträgt etwa $^3/_4$ des Lumens. Demgegenüber hat Přibram unter denselben Bedingungen die „Peristaltik" auch des arteriellen Schenkels beobachten können. Parrisius schließt sich der neuen Theorie an und hält seine Beobachtungen für eine Illustration dessen, daß Capillare „periphere Herzen" darstellen. Man muß aber seiner Vorsichtigkeit Gerechtigkeit widerfahren lassen (man denke daran, daß er unter O. Müller arbeitete): „Es ist nicht bewiesen — schreibt er nämlich —, daß an normalen Capillaren physiologischerweise Peristaltik vorkommt." Auch Kylin konnte in seinen vieljährigen an Menschen angestellten Capillarbeobachtungen feststellen, daß man zuweilen sehen kann, wie eine peristaltische Woge am Anfang des arteriellen Schenkels beginnt und durch sie hindurchwandert, wobei die Blutströmung nachher lebhafter werden soll[1]. Bei der Verwertung dieser Tatsachen kommt Kylin zu dem Schlusse, „daß die Capillaren durch ihre wechselweise Erweiterung und Zusammenziehung unmittelbar das Blut durch sie hindurchtreiben und demnach das Herz in seiner Arbeit unterstützen. Sie bilden mit anderen Worten ein „peripheres Herz". Mit Recht und viel vorsichtiger in seinen auf Grund Mikrocapillarbeobachtungen bei Raynaudscher Krankheit gemachten objektiven Schlußfolgerungen ist Halpert, welche nur die Vermutung ausspricht, daß das Blut zeitweise in einzelnen Schlingen durch eine äußerst langsame Peristaltik vorwärts geschoben zu werden scheint. Ohne hier ausführlich auf alle entsprechenden Veröffentlichungen zurückzukommen, sei noch erwähnt, daß die Capillarperistaltik auch von E. Jürgensen, Schickler und Mayer-List, Neumann u. a. beschrieben wurde. Auf Grund alles dessen zieht Niekau in seiner ausführlichen Übersicht den Rückschluß, daß die Anschauungen der klassischen Hämodynamik nicht mehr unter allen Umständen zureichend sind.

Diesen Auffassungen trat indes in einer Reihe schöner Abhandlungen Klingmüller entgegen. Vorerst sei bemerkt, daß er den entschiedenen Behauptungen Kylins den schweren Vorwurf machte, daß der letztere in seinen Untersuchungen nur die geringen Vergrößerungen benutzt hat, bei welchen die Capillarwand selbst, welche ja dabei allein in Frage kommt, nicht sichtbar ist. Die von verschiedenen Autoren beschriebene strenge „Peristaltik" hat Klingmüller in erschöpfender Weise als Irrtum bezeichnet. Er zeigte nämlich, daß die seitlichen Ausspannungen, die man so häufig mit dem Blutkörperchenbande dahinlaufen sieht, mit der Capillarwandtätigkeit nichts zu tun haben, und daß es einfache Saftlücken sind. Einen weiteren Beweis der Richtigkeit seiner Anschauungen bekam Klingmüller in den Beobachtungen der sog. „Scheitelkügelchen" — eigenartiger punktförmiger Gebilde am Scheitel der Capillarschlinge, welche ihre Herkunft der Tatsache verdanken, daß die Capillaren oft breiter erscheinen, als es nach den Blutkörperchenstromfaden zu erwarten

[1] In Anbetracht dessen, was oben über die Technik des Versuchs Janowskys gesagt wurde, scheint es von Interesse, daß auch Kylin seine Untersuchungen nach der Methode des Isolierens des „peripheren Herzens" vom zentralen anstellte, indem er mit einer Esmarchbinde arbeitete.

wäre. Es ist zu sagen, daß die von Klingmüller unter dem Namen der Scheitelkügelchen beschriebenen Bilder auch von Hinselmann beobachtet wurden, welcher diese jedoch als Erscheinungen der Capillarwandverletzung deutete. Klingmüller gelang es aber auf Grund sehr überzeugender photographischer Aufnahmen, die organische Intaktheit der Gefäßwand in diesen Fällen zu beweisen und dadurch wiederum seine Anschauungen zu begründen. Somit kommt Klingmüller zu dem Schluß, daß peristaltische Kontraktionsabläufe der Capillaren, welche die Fortbewegung ihres Inhaltes fördern sollen, nicht existieren. Gryzewič und Mittelstedt, welche ihre Untersuchungen unter Vocht ausführten, äußern sich in dem Sinne, daß die Capillaroskopie keine positiven Schlüsse über selbständige, aktive Beteiligung des peripherischen Gefäßsystems im Prozeß der Blutzirkulation zu ziehen erlaubt. Die eingehendsten experimentellen Capillarstudien, welche von Nesterow ausgeführt wurden, gipfeln ebenfalls in dem Schlusse, daß die Blutcapillaren in der aktiven Fortbewegung des Blutes keine wesentliche Bedeutung haben.

Auf die diesem nahestehenden interessanten Arbeiten von Crawford und Rosenberger wird später eingegangen werden. Nicht unerwähnt soll schließlich die Tatsache gelassen werden, daß bei der Capillarkontraktion die Einschnürung nach beiden Seiten fortschreitet (Steinach und Kahn) und daß bei der Kontraktion einer Capillare deren Inhalt nach beiden Seiten ausgepreßt wird (Vimtrup), was mit den im II. Abschnitt zitierten Arbeiten Heß über die Gesetze der Flüssigkeitsförderung in klappenlosen Röhren in bestem Einklange steht. Es scheint mir angebracht, diese Diskussion über die Capillarperistaltik mit den Worten O. Müllers, eines hervorragenden Kenners dieses Gebietes, abzuschließen: „Nun ist natürlich mit der Feststellung der Tatsache, daß auch bei ganz normalen Menschen von Zeit zu Zeit einmal an dieser oder jener Papillarschlinge ein Spasmus eintritt, durchaus kein Beweis für eine ubiquitäre Förderung des Blutstromes durch Capillarperistaltik erbracht“.

Nun gelangen wir an die Frage der Verbreitungsgeschwindigkeit der peristaltischen Welle in den Capillaren, falls wir natürlich deren Existenz zulassen. Ich muß aber gleich schon zugeben, daß ich die Erfüllung der von Heß in dieser Hinsicht für die Arterien aufgestellten Forderung (s. Abschnitt II) im Capillarkreislauf nicht von solch einer großen Bedeutung für die Blutlokomotion halte, da der capillare Blutstrom nicht so regelmäßig und unveränderlich wie der arterielle ist; gerade von diesem Standpunkt meine ich, — die von Fleisch inbezug auf die Venen gesagten Worte umwandelnd, — daß, wenn im Organismus eine Förderung des Blutstromes durch die Gefäße überhaupt möglich ist, es in den Capillarkreislaufbedingungen, von rein theoretischem Standpunkt aus, am möglichsten erscheint.

Die Mehrzahl der Autoren (G. Magnus, Halpert, Weitz u. a.) sprechen eindeutig von einer sehr langsamen „Peristaltik“ der Capillaren, und wenn unter normalen Bedingungen eine Capillare von einem Blutkörperchen in etwa 1 Sekunde durchströmt wird, so braucht die „peristaltische Welle“ manchmal 15 mal größeren Zeitraum, um über ein Haargefäß sich fortzupflanzen (Fleisch). Deshalb meint Fleisch, daß die Capillarperistaltik den Blutstrom nicht fördert, sondern hemmt. Auch Ebbecke hält sich der Meinung, daß es nicht anzunehmen ist, daß solche seltenen und langsamen Bewegungen den Blutstrom in nennenswerter Weise fördern können. Nieckau, dessen Herzen die neue Theorie sehr nahe zu liegen scheint, äußert sich aber derart, daß, wenn die Capillarperistaltik auch nicht mit einer größeren Geschwindigkeit als der normale Blutstrom einhergeht, die Bedeutung dieser Bewegungen jedenfalls bei Fällen verlangsamter Capillarströmung (z. B. Stauung — vgl. Weitz) in Frage kommt.

Es bleibt nur noch übrig, die Capillarrhythmik zu besprechen. Bekanntlich ist eine für das Auftreten der Capillarpulsation notwendige Bedingung die genügende Erweiterung der kleinen Arterien (R.Tigerstedt); bei der Erweiterungsunfähigkeit der Arteriolen kann die Capillarpulsation nicht stattfinden, wobei diese Bedingung auch bei aortaler Insuffizienz ihre Geltung behält (Lewis und Wolf). Daß der makroskopische Capillarpuls (im Sinne Quinckes) sehr oft mit den Capillaren nichts zu tun hat, ist mehrfach betont worden (Heimberger, Kurwiz); der Pseudocapillarpuls Jürgensens stellt eine passive Verschiebung des gesamten Capillarfeldes in der horizontalen Ebene dar und hat mit einer aktiven Tätigkeit seiner Wandungen ebenfalls nichts zu tun. Es sei bemerkt, daß auch beim echten Capillarpuls sich der Gefäßinhalt relativ zur stillstehenden Gefäßwand bewegt (O. Müller), wobei die Pulsation und die Stromrichtung unter gewissen Umständen entgegengesetzt gerichtet sein können (Lewis). Aber sogar das Feststellen einer Capillarrhythmik würde noch ungenügend erscheinen, um die uns interessierenden Fragen zu beantworten; es bleibt immer noch die Frage zu entscheiden übrig, inwiefern dieser Capillarrhythmus abhängig oder mindestens dem Herzrhythmus synchron ist, da laut dem im Abschnitt II auseinandergesetzten man nur im Falle der Erfüllung dieser Bedingung von einer Fortsetzung der peristaltischen Welle auf die Capillaren sprechen darf. Ich stelle diese Forderung nicht aus rein akademischen Überlegungen auf, auch daher nicht, weil die neue Theorie die Herzwelle für das genetische Moment der Gefäßwelle hält, sondern deshalb, weil in Hinsicht der Capillaren ähnliche Voraussetzungen sich noch komplizierter gestalten als in Hinsicht der Arterien. Es ist wahrhaftig schwer sich vorzustellen, daß die Capillaren sich rhythmisch infolge ihres absoluten Automatismus kontrahieren, daß die Impulse dazu in ihren eigenen Wandungen entstehen, welche doch zu einfach beschaffen sind, um die Funktionen des Keith-Flackschen Knotens zu besitzen. Folglich muß der Schrittmacher der rhythmischen Capillar-Kontraktionen entweder aus irgendwelchem besser beschaffenen Kreisaufgebiet stammen, oder aber sind diese Bewegungen von einer Reihe Prozessen abhängig, die extracapillar bedingt sind. Augenscheinlich fällt die erste Möglichkeit ab, da die Herzwelle ohne spezielle Bedingungen (s. o.) in die Capillaren nicht einrollt. Somit wäre es schwierig, eine Synchronie des Capillaren- und Herzrhythmus zu erwarten. Die ausgezeichneten Untersuchungen von Crawford und Rosenberger, welche mit einer ganz ausschließlichen, leider nicht allen zugänglichen Methodik angestellt wurden, bestätigen völlig meine Vorstellungen. Die genannten Autoren haben die menschlichen Capillaren bei verschiedensten Bedingungen mikrokinematographiert — in der Norm, bei aortaler Insuffizienz, unregelmäßiger Herztätigkeit u. a. m. — und kommen zu solchen Schlußfolgerungen: „There was no evidence that these changes were due to a peristaltic wave of contraction, a local rhytmic contractile action of the capillary or a pulsatile motion conveyed to the blood stream and so to the capillary wall by the heart beat.“ Auch Thaller und v. Draga fanden bei Aorteninsuffizienz, d. h. gerade bei demjenigen Klappenfehler, bei dem ja das

„periphere Herz“ besonders deutlich arbeiten soll (s. o.) und wo die besten Bedingungen zur Entstehung der Capillarpulsation gegeben sind (vgl. bei Jürgenson und Lewis und Wolf über die Rolle des Pulsdruckes), daß der „Capillarrhythmus“ vier- bis fünfmal langsamer war, als der Herzrhythmus und mit regellosen Intervallen erfolgte. In dieser Richtung können jetzt wohl kaum noch irgendwelche Zweifel herrschen.

Auf einem ganz besonderen und höchst interessanten Wege kam Schorr der Frage nach der blutlokomotiven Fähigkeit der Capillaren entgegen. Er ging von den Überlegungen aus, daß die Capillaren ihre blutfördernde Tätigkeit nicht sofort nach dem Tode verlieren, weshalb die Arterien der Mehrzahl der Leichen leer sind. Es wäre, seiner Meinung nach, sehr lehrreich nachzuforschen, wie die Blutfüllung der großen arteriellen Gefäße sich an den Leichen gestaltet, wo der Tod von einer Lähmung des Capillarsystems (Vergiftungen mit Salzen schwerer Metalle, Emetin, Arsen usw.) begleitet war. In Wirklichkeit haben die Beobachtungen Kylins und G. Magnus' an Capillaren nach Abkoppelung entsprechender peripherer Abschnitte von vis a tergo des Herzens, durch Anlegen einer Esmarchbinde, gezeigt, daß die Blutzirkulation im Capillarnetz nicht sofort aufhört und daß die Capillaren sich dabei noch völlig in die Venen zu entleeren vermögen. Krogh machte in dieser Beziehung eine Erwiderung, daß bei der Abschnürung des oberen Gelenkes, an welchem ja diese Beobachtungen gemacht wurden, die Blutzirkulation durch die Humerusgefäße fortgesetzt wird (zit. nach Klingmüller); ich kann diesem Vorwurfe nicht beipflichten, da Magnus eine Zeitlang weiter dauernde Zirkulation auch an amputierten Portionen (Gallenblasen, Wurmfortsätzen u. m. a.) beobachten konnte. Es scheint mir aber, sowie auch Fleisch, als zweifelhaft, daß dies nach Magnus' Bericht auch nach 28 Minuten nach der Abkoppelung gewesen sei.

Allein die Tatsache des agonalen oder postmortalen Überpumpens des Blutes aus dem arterialen System ins venöse erscheint als sichergestellt, da die Arterien nach dem Tode meistenteils blutleer und die Venen mit Blut gefüllt gefunden werden (Straßburger, Goldschmid u. a.), und nur an ihrer Dynamik zu streiten wäre (vgl. Schabad); es ist auf jeden Fall schwierig, nach alledem, was hier auseinandergelegt war, in der Capillarperistaltik den Hauptgrund zu sehen. Vermutlich wird es nicht leicht sein, ein größeres Menschenmatrial zur Lösung dieser Frage in der Form, wie sie von Schorr aufgestellt wurde, zu sammeln.

Leider steht es hier auch mit dem Experimente nicht besser: Durch die Mautner-Pick-sche Lebersperre (s. Abschnitt VII) werden diejenigen Blutverteilungsänderungen, welche man auf einem Ausfall der blutlokomotiven Tätigkeit der Capillaren zurückführen konnte, vollständig verwirrt. Alle Versuche, eine effektive Ausschaltung dieser Sperre herbeizuführen, sind mir aber bis heute immer mißglückt. Somit wird die von Schorr aufgestellte Voraussetzung kaum in der nächsten Zeit erforscht werden können.

Wenn aber in dem Gebiete der größeren Gefäße mit den Grenzen der Mechanik eigentlich auch das Tatsächliche und das Hypothetische erschöpft wird, so gehören die Capillaren denjenigen Einrichtungen des tierischen Körpers an, wo außer grob mechanischer Erscheinungen noch Bedingungen zum Abspielen viel feinerer physikalischer Prozesse — nämlich der onkotischen — geschaffen sind. Mit der Entwicklung der Kolloidchemie und besonders seitdem Schade zwischen dem physikalisch-chemischen Laboratorium und der Klinik eine feste Brücke geschlagen hatte, existiert kaum ein feinerer Lebensprozeß — und der Prozeß des capillaren Blutkreislaufes gehört eben zu solchen —, wo diese junge, aber siegreiche Wissenschaft umgangen werden könnte. In Wirklichkeit, wenn die Erforschung der Capillarkontraktilität eben erst anfing, wurden auf Grund entsprechender Beobachtungen

Rückschlüsse gezogen, daß die Lumenveränderungen der Capillaren auf die Verdickung der Wand ohne Gesamtquerschnittveränderungen des Gefäßes zurückzuführen sind (Stricker, Biedl, Mareš, Kukulka). Versuche, diese Quellungsvorgänge für alle Fälle der Lumenveränderungen der Capillaren zu verallgemeinern, mußten natürlich scheitern, und die Mehrzahl der Autoren sind heutzutage der Meinung, daß die Capillarwand zur gewöhnlichen Kontraktion auch befähigt ist.

Auch wissen wir heutzutage noch nicht ganz sicher, inwiefern die onkotischen Prozesse im Capillarsystem blutfördernd wirken können, und eine systematische Arbeit in der genannten Richtung hat eigentlich noch gar nicht angefangen; nur die erste Frage dieser Reihe, nämlich die Frage über die quantitativen Wechselbeziehungen rein mechanischer und onkotischer in den Capillaren sich abspielender Kräfte ist bereits beantwortet. In einer schönen Arbeit von Schade, Claussen und Birner, welche aus der Schittenhelmschen Klinik unlängst erschienen ist, wurde mit einer unzweifelbaren Augenscheinlichkeit gezeigt, welch eine große Bedeutung die onkotischen Kräfte in bezug auf den Flüssigkeitsaustausch in den Capillaren haben und daß hier der rein mechanische Faktor in den Hintergrund treten kann; diese Tatsachen gewinnen um so mehr an Interesse, als durch die bahnbrechenden Untersuchungen und Konzeptionen von Bogomolez neulichst gezeigt wurde, wie irrig unsere Vorstellungen über das Druckgefälle in den Capillaren sind (näheres in Originalen). Gedenkt man, ferner, mit welch geringer Geschwindigkeit der Capillarkreislauf bei der Eigenschaft der Capillaren, ihre Lichtung aktiv abzuschnüren — was sicher ein Hindernis zum Rückfließen der infolge onkotischer Prozesse in den betreffenden Capillarabschnitten angesammelten Flüssigkeit (und umgekehrt) darstellt —, vor sich geht, so wird es klar, daß bis zur Möglichkeit einer Blutförderung nicht mehr als ein Schritt bleibt. Ich wiederhole aber noch einmal: Wir befinden uns vorläufig im Anfange der Frage, obgleich die Möglichkeit hier sicher groß ist; und wenn ich auf den vorliegenden Seiten keine einzige Hypothese aufgestellt habe, so möchte ich doch an dieser Stelle eine Vermutung aussprechen, daß mit der Zeit diese sonderbare Lücke in den Kreislauffragen ausgefüllt sein wird und die Onkodynamik zu einer Komponente der Hämodynamik wird. Diese Auffassungen scheinen durch die Arbeiten von Atzler, Atzler und Lehmann, Breitmann, Iwai, Stuber und Proebsting, Böhme, Kirihara u. a. (vgl. auch Ebbecke) eine weitere Bestätigung zu finden. Ich darf mich aber zum Autor dieser Hypothese nicht machen: diese zweifellos richtigen Vermutungen gehören Hasebroek, der bereits 1911 sich in dem Sinne äußerte, daß wenn es auch vorläufig nicht klar ist, „ob eine Aufnahme und Abgabe von Wasser in die und aus den Parenchymzellen in rascher Abwechslung eine Strömung in den Capillaren veranlassen kann", so wird doch der Weg der Kolloid- und Capillarchemie allein zum Verständnis der Vorgänge des Blutdurchtriebes im Gewebe führen.

Vollständigkeithalber muß auch noch auf die über die Rolle des Zellstoffwechsels und -flüssigkeitsaustausches für die extrakardiale Blutförderung handelnden Arbeiten von Haedicke, Mendelsohn, sowie besonders auf die eben erschienene Übersicht Hasebroeks hingewiesen werden. Man kann den in diesen Arbeiten geäußerten Vermutungen im allgemeinen nur beipflichten; die entsprechenden Prozesse gehören aber eher zum Gebiete der Chemie als zum Gebiete der Physik und können deswegen in dieser Abhandlung nicht näher besprochen werden. Es sei nur bemerkt, daß manche ganz unbesonnen den Begriff des „peripheren Herzens" auch auf diese Prozesse ausstrecken[1]; träge, ohne gesetzmäßigen Rhythmus sich abspielende Erscheinungen lassen sich mit dem Begriff eines „Herzens" nicht assoziieren. Daß man aber hier mit extrakardialer Förderung des Blutstromes zu tun hat, wird natürlich niemand bestreiten wollen. Über die für unser Thema nicht unbedeutende Frage der Änderung der Permeabilität mit dem Dehnungsgrade vgl. bei Liesegang.

Vorläufig muß also zusammenfassend gesagt werden, daß, wenn wir noch nicht alle die Kräfte, mittels deren das Blut in den Capillaren bewegt wird, absolut genau kennen, wir doch

[1] Zu welch anekdotenhaften Terminologie eine ungezügelte Verallgemeinerungslust des Begriffes des „peripheren Herzens" führen kann, zeigt die unlängst erschienene Monographie von Kryloff, in welcher die Endovaskulitis „periphere Endokarditis" genannt wurde.

absolut genau wissen, daß dies nicht durch aktive peristaltische, mit dem Herzrhythmus koordinierte Bewegungen derselben geschieht.

V. Die Rolle der Venen.

Der Rolle der Venen haben in der uns interessierenden Richtung ziemlich wenig sowohl die Anhänger, als auch die Gegner des „peripheren Herzens" Aufmerksamkeit gewidmet. So finden wir bei Fleisch in seiner ausführlichen Übersicht nur einige Zeilen darüber. Wohl scheinen auch die Anhänger der neuen Theorie ziemlich wenig Gewicht auf die Rolle der Venen zu legen und nur Kautzky kommt in seiner Abhandlung dieser Frage eingehender entgegen; doch liegt ein mehr oder minder bearbeitetes Tatsachenmaterial zur Zeit noch nicht vor: die älteren Arbeiten von Natus, Knoll u. a. erscheinen ziemlich abgesondert; es fehlt ihnen noch eine ganze Reihe einzelner Glieder, so daß mit deren Anwendung für das Klären der Frage vom „peripheren Herzen" man vorläufig noch abzuwarten hat. Auch Schorr, einer der eifrigsten Verteidiger des „peripheren Herzens", betrachtet die Möglichkeit einer Blutförderung durch die Venen als unentschieden.

In der uns hier unmittelbar interessierenden Hinsicht — in den klinischen Beobachtungen — liegen meines Erachtens nur die Publikationen von Ledderhose und G. Magnus vor. Ledderhose hatte eigentlich nicht die Absicht gehabt, seine Beobachtungen weder zugunsten der alten, noch der neuen Kreislauftheorie auszunutzen. Dieses machte mit seinem Material Hasebroek: Ledderhose hat nämlich eine höchst bemerkenswerte bereits von F. Trendelenburg beobachtete Tatsache erklärt, welche mit den sich tief eingebürgerten Vorstellungen über die pathogenetische Rolle der hydrostatischen Faktoren in bezug auf den varikösen Symptomokomplex nicht zu verknüpfen war, nämlich, daß bei Varizen „der größte Durchmesser der Erweiterung nicht oberhalb der Klappe, sondern vielmehr unterhalb derselben (peripher) liegt". Hasebroek versuchte diese Tatsache dadurch zu erklären, daß die „Triebkraft" der Venenwand besonders häufig in der Klappengegend verloren geht und daß die angestrengte Muskeltätigkeit, welche einen verstärkten Zufluß zu den geschwächten Stellen von der Peripherie ausübt, entsprechende Erweiterungen zur Folge hat. Komplizierte Erklärungen können aber nur da von Nutzen sein, wo überhaupt keine Erklärungen zu finden sind (und so war es auch eine Zeitlang mit den sphygmomanometrischen Versuchen Janowskys); da aber, wo eine einfachere Erklärung vorhanden ist, wird es wohl besser sein, diese anzunehmen; und Ledderhose hat vollständig genügend erklärt, worin der Grund der paradoxen Lage der Varizen verborgen sein mag: Bei der Erweiterung der Venen „wird der Durchmesser der ringförmigen Ansatzstelle der Klappen wegen seines festeren Gefüges keine entsprechende Vergrößerung erfahren, sondern enger bleiben müssen als die benachbarten Partien", was distal von der Klappe eine Druckerhöhung zur Folge haben muß. Die Voraussetzung ist dabei eine geringe Rolle der hydrostatischen Momente bei der Pathogenese der Varizen, was von Ledderhose erschöpfend begründet wurde (näheres im Original).

Was aber die Publikation des Chirurgen Magnus betrifft, so gibt diese zur Lösung gestellter Fragen sehr wenig; mit Hilfe des Volkmannschen Hämodromometers hatte Magnus in 9 Fällen von Varzien die Blutstromrichtung in den erweiterten Venen untersucht und dabei in einem einzigen Falle gefunden, daß der Blutstrom in aufrechter Haltung des Patienten seine Richtung ändern kann, indem er bald herzwärts, bald zur Peripherie fließt; in allen anderen Fällen dagegen wurde entweder gar kein Strom beobachtet, oder aber hatte dieser eine zentrifugale Richtung. Auf Grund dieses einzigen Falles hat Magnus den Mut zu schließen, daß der Venenwand eine eigene Motilität zukommt. Es scheint mir doch, daß solche Schlüsse ziemlich unvorsichtig sind; abgesehen davon, daß zu irgendwelchen Bestätigungen solch ein $^0/_0$ von positiven Resultaten ganz unzulässig ist, ist das Objekt selbst auch wenig annehmbar: Die Hämodynamik der Varizen ist so kompliziert verunstaltet (ich möchte nur an das Trendelenburgsche Symptom erinnern), daß es kaum je auf solchen Fällen gelingen wird, unbestrittene Schlüsse zu erzielen, so daß die Ergebnisse von Magnus ebensowenig die alte Theorie widerlegen, wie das Hackenbruchsche Phänomen, welches nach Nobl auch an normalen Venen zu beobachten ist, die neue Theorie im Klopfversuche Hasebroeks zu widerlegen vermag (Näheres in Originalabhandlungen, auch bei Kaufmann). Alles das sind zu vereinzelte Beweise, welche weder „pro", noch „contra" etwas besagen können: das Perthessche Phänomen, welchem dabei die entscheidende Bedeutung zukommt, wird im VII. Abschnitte besprochen werden.

Somit erschien der Venenblutkreislauf, der an sich undynamisch ist, und in dünnen, schon durch ihren Bau für eine Propulsion als passiv vorauszusetzende Röhren vor sich geht (vgl. Fuchs), und der schließlich von größter Abhängigkeit von extravasalen Faktoren (s. u.) steht — dieser Venenblutkreislauf schien ein zu ungenügendes Material auch für Phantasien und Irrtümer zu sein.

Aber nach dem Gesetze des Paradoxon sind es gerade Venen gewesen, in denen die Tatsache festgestellt wurde, welche einerseits als Ausnahme gilt, andererseits aber als sicheres Beispiel einer aktiven Förderung des Blutstromes durch die Gefäße anzusehen ist; die Ehre dieser Entdeckung gehört Wharton Jones. Wie erwähnt, konnte dieser Forscher eine deutliche rhythmische Pulsation der Flughautvenen bei Fledermäusen feststellen. Seine Beobachtungen wurden mehrfach zur Begründung der neuen Theorie verwendet (Grützner, Janowsky, Schwarz) und fanden später seitens Schiff und Luchsinger eine weitere Bestätigung, wobei die Angaben des letzteren folgendermaßen lauteten: Die kräftige Pulsation der genannten Venen geschieht 8—10 mal in einer Minute, wird — im Gegensatz zu dem, was Schiff an Kaninchen beobachten konnte (s. unten) — auch nach völliger Denervation entsprechender Abschnitte beibehalten und kann selbst noch 20 Minuten nach dem Tode in Durchströmungsversuchen immer wieder beobachtet werden. Auf Grund seiner weiteren Untersuchungen kommt Luchsinger zu der Auffassung, daß die Venenkontraktionen eine periphere (lokale) Ursache haben und durch mechanische Dehnung der kontraktiven Wand ausgelöst werden. Demgegenüber hält Karfunkel auch die Erweiterung für einen aktiven Vorgang. Im Zusammenhang mit den im II. Abschnitte angeführten Tatsachen ist eine solche Vermutung Luchsingers für die Venen der Fledermaus bei so langsamem Kontraktionsrhythmus derselben naturgemäß viel annehmbarer als eine ähnliche Meinung Bayliß', Janowskys, Hasebroeks u. a. in bezug auf die Arterien; doch müssen hier auch die Gegenauffassungen Roncatos berücksichtigt werden. Die Frage, ob diese Pulsationen bei der Fledermaus blutfördernd wirken, wurde von Heß studiert, dem es gelang, den Vorgang kinematographisch aufzunehmen; dabei erwies es sich, daß die Pulsation dieser Venen rhythmisch und peristaltisch verläuft, wobei die peristaltischen Einschnürungen des Gefäßes die für die Blutförderung nötige Tiefe besitzen, und daß einige Kontraktionen sogar zum vollständigen Abschluß des Gefäßlumens führen können. Um die Gegenüberstellung dieser Tatsache mit der von Janowsky u. a. oben erwähnten Autoren reklamierten Form der neuen Theorie zu ermöglichen, erschien von ausschlaggebender Wichtigkeit die Frage zu sein, die mich nur auf der Jonesenschen Entdeckung länger zu verweilen zwang, nämlich die Frage, inwiefern diese Pulsation den Herzkontraktionen bei der Fledermaus synchron sind. Hyrtl hat seinerzeit die von Jones entdeckte Pulsation durch die Anwesenheit eines direkten Überganges der Arterien in die Venen durch weitere Gefäße als gewöhnliche Capillare, welche er in den Flughäuten der Fledermäuse nachwies, erklären wollen. Der Ansicht Hyrtls trat indes Müller entgegen; er fand nämlich, daß die Jonessche Pulsation keineswegs isochronisch oder auch nur übereinstimmend mit dem Arterienpulse des betreffenden Tieres ist. Damit decken sich auch die Beobachtungen Karfunkels, welcher die normale Zahl der Herzschläge bei den Fledermäusen als weit über 100 in der Minute schätzt. Auch die Schlagfolge zeigt bei weitem nicht dieselbe Regelmäßigkeit, wie man sie beim Herzen zu sehen gewohnt ist (Hess); endlich erfolgen die Kontraktionen von Venen verschiedener Flügel und sogar von verschiedenen Venen eines und desselben Flügels nicht synchronisch (Karfunkel), wobei noch der Umstand im Auge zu behalten ist, daß die Pulsation auch auf amputiertem Flügel einige Minuten nach der Amputation fortsetzt (Schiff), d. h. dann, wenn von einer die Gefäßperistaltik erregender Wirkung der Herzwelle (falls die auch über die derivatorischen Kanäle auf die Venen übergreifen könnte) keine Rede sein kann. Somit hat die Venenpulsation der Fledermäuse eine große Bedeutung für die Physiologie, indem sie beweist, daß auch bei ziemlich hoch organisierten Tieren eine aktive Förderung des Blutstromes durch die Gefäße prinzipiell möglich ist (obwohl die Fledermaus eine einzige Ausnahme in dieser Hinsicht darstellt)[1]; für den Standpunkt der Vertreter des „peripheren Herzens" ist sie aber ohne jegliche Bedeutung, da diese Pulsation mit der Herzwelle augenscheinlich nichts zu tun hat.

Einige Worte nur noch über die Vena portae. Die starke Muskulatur dieses Gefäßes (Koeppe) ließ niemals die Anhänger der neuen Theorie in Ruhe und sie (vgl. Franke, N. Schwarz, Schorr u. a.) waren geneigt, hierin die Reflexion der aktiven Propulsivkraft dieses Gefäßes zu erblicken, ohne der das Aufrechterhalten des Kreislaufs im doppelten Capillarnetz des portalen Systems ihrer Meinung nach unmöglich wäre. Über die doppelten Capillarsysteme werden wir noch im VII. Abschnitte speziell zu sprechen kommen, was aber die starke Muskulatur der V. portae betrifft, so ist hier auch noch eine andere Erklärung möglich. Daß die Gefäße eine Fähigkeit besitzen, sich auf verschiedenen Blutbedarf entsprechender Gebiete (resp. auf verschiedene Mengen des sie passierenden Blutes) einzustellen, ist ja eine längst bekannte Tatsache (vgl. spez. Hess). Die V. portae ist dasjenige Gefäß, welches in dieser Hinsicht besonders in Anspruch kommt (Tangl und Zuntz); abgesehen vom Verdauungsakt, der mehrmals täglich die durch den Portalkreis fließende Blutmenge gewaltig ändert, müssen wir im Auge behalten, daß der fortwährende Tonusspiel des Splanchnicus, der von einer so ungeheuren Rolle im Regulieren der normalen Blutdruckverhältnisse ist, vor allem doch auf der Pfortader zu sehen sein wird. Wer einmal auf der V. portae operiert hat, der wird es nie vergessen, welch große Veränderungen der Durchmesser dieses Gefäßes auch während relativ kurzer Zeit erfährt! Es ist verständlich, daß bei einer derartigen fortwährenden, allen anderen Venen uneigenen Arbeit, die V. portae sich von den anderen Venen durch ihre Muskulatur auszeichnen muß. Was aber die Annahme betrifft,

[1] Es sei hier betont, daß bis jetzt noch keine ähnlichen Beobachtungen auf anderen Tieren vorliegen, sondern daß das Jonessche Phänomen nach Schiff nicht auf allen Venen desselben Tieres zum Vorschein kommt. Wahrscheinlich sind diese Kreislaufsbesonderheiten bei der Fledermaus durch eine relativ große Oberfläche der Flügel im Verhältnis zur Größe des Tieres bedingt (Karfunkel); damit stimmt auch der besondersartige hystologische Bau der Venen bei der Fledermaus überein, der uns zwingt, die Anhänger der neuen Theorie von ihren Verallgemeinerungen dringend zu warnen: Heß betont nämlich auf Grund Jonesscher Untersuchungen, daß „der hystologische Bau der muskulären Elemente der pulsierenden Venen sich ebenso sehr von den Muskelelementen der Arterien unterscheidet, wie die Herzmuskelfasern von diesen, ohne indessen quergestreift zu sein".

die Muskelwand der Pfortader soll zum Blutfördern dienen, so ist es hier angebracht, sich an alte Versuche Claude-Bernards mit dem Gewinnen von reinem Leberblut zu erinnern (vgl. meine Abhandlung im Abderhaldenschen Handbuch): Sogleich nach der Tötung des Tieres durch einen Genickstich kann die einfache Laparotomie einen Rückfluß des Blutes aus der Leber in die Pfortader bewirken, was sicher auf den Ausfall einer Reihe im VII. Abschnitte beschriebener extravasaler blutfördernder Momente zurückzuführen ist. Die Anhänger der neuen Theorie meinen aber, daß die propulsive Tätigkeit derjenigen Gefäße, welche an der Blutlokomotion beteiligt sind (V. portae kommt also mit), nicht sofort nach dem Tode aufhört (s. o.). Wir sehen also, daß die Sachen nicht gar so schematisch aufgefaßt werden dürfen — ein einziges Zeichen darf nicht die Rolle eines erschöpfenden Beweises beanspruchen.

Zusammenfassend könnte man also sagen, daß es heutzutage weder Beweise, noch auch irgendwie begründete Vermutungen über die propulsive Tätigkeit der Venen beim Menschen und bei der Übermasse der Säugetiere gibt. Dabei erscheint hier eine sichere Ausnahme feststellbar, nämlich die Fledermaus, bei der wirklich eine aktive Förderung des Blutstromes durch die Venen besteht; das morphologische Substrat und die dynamischen Einzelheiten dieser Erscheinung weisen aber so große Verschiedenheiten mit dem, was an allen übrigen Gefäßen aller übrigen Tiere beobachtet wird, auf, daß „die Aufführung dieser Beobachtung als Argument für die Existenz eines peripheren Herzens abgelehnt werden muß“ (Heß).

VI. Unzweifelhaftes über die Nichtexistenz einer Gefäßperistaltik.

Wenn das angeführte Material mir genügend sichere Tatsachen zu enthalten scheint, mit denen die neue Kreislauftheorie, zum mindesten gesagt, schwer zu verknüpfen ist, so möchte ich in diesem Abschnitte solche Beispiele anführen, welche noch sicherer die Existenz einer Gefäßperistaltik auszuschließen vermögen.

1. Besonders bekannt und maßgebend erscheinen in dieser Hinsicht die fast identischen, aber doch unabhängig voneinander ausgeführten Arbeiten von Hürthle und Fleisch. Diese Forscher untersuchten gleichzeitig, indem sie sich der Spiegelplethysmographie und einer Reihe anderer genauester Registriereinrichtungen bedienten, die pulsatorischen Druck- und Durchmesserschwankungen der Arterien; dabei gingen die Autoren von einer ganz richtigen Überlegung aus, nämlich, daß im Falle die Arterie eine aktive systolische Eigenschaft besitzt, dem Moment ihres kleinsten Durchmessers der höchste Druck innerhalb derselben entsprechen müßte. Die dabei erhaltenen Kurven haben aber mit absoluter Sicherheit gezeigt, daß die Druck- und Durchmesserschwankungen parallel verlaufen und daß die Gefäße somit bei den pulsatorischen Druckschwankungen sich vollständig passiv verhalten.

2. Grützner hat bekanntlich an der Nabelschnur Durchströmungsversuche in gerader und inverser Richtung angestellt und konnte bei pulsierendem Strahl der Durchströmungsflüssigkeit ein stärkeres Durchfliessen in der geraden,

als in der inversen Richtung feststellen, welcher Umstand von diesem Autor der aktiven Propulsivtätigkeit der Nabelschnur zugeschrieben wurde. Es muß hier sofort die Aufmerksamkeit darauf gelenkt werden, daß Grützner eine ähnliche, wenn auch weniger ausgeprägte Sachlage bei ununterbrochenem Strahl der Durchströmungsflüssigkeit bekommen hatte, d. h. dort, wo keine rhythmischen Überdehnungen des untersuchten Gefäßes vorhanden waren und also nach den obenerwähnten Auseinandersetzungen evtl. Impulse zur Funktion des „peripheren Herzens" fehlten, die Funktionen selbst dagegen vorhanden waren. Leider hat Grützner seine Arbeit nicht im einzelnen veröffentlicht; diese ist nur nach dem kurzen Bericht einer Sitzung bekannt, in der die Arbeit von Grützner vorgetragen wurde, so daß von Besprechung seiner Technik und von genauer Erklärung des Grundes dieser Erscheinung Abstand genommen werden muß. Fleisch erscheint es merkwürdig, daß diese Versuche von Grützner vielfach erwähnt, aber von niemand nachgeprüft wurden; ich kann Fleisch nicht beipflichten, daß für die Entscheidung der uns interessierenden Fragen irgendeine Notwendigkeit im Nachprüfen der Grütznerschen Ergebnisse bestehe, und zwar deshalb, weil die Nabelschnur ein embryonales Organ darstellt, so daß es leicht wahrscheinlich ist, daß ihren Gefäßen bis zu einem gewissen Grade eine propulsive Tätigkeit eigen sein könnte — das alles spräche doch nicht von der Arbeit aller anderen Gefäße, da sogar die Gestalt der von der Nabelschnur aufgenommenen Aktionsstromkurven von denjenigen, welche von gewöhnlichen Gefäßen stammen, sehr stark abweicht (Blumenfeld); ebenfalls wenig überzeugend sind die Schlüsse Hasebroeks in Hinsicht einer extrakardialen Blutförderung, welche sich auf der Schätzung und der Deutung gewisser Momente des Embryonalkreislaufes basieren, wo laut den Angaben von Preyer kardiopetale Strömungen von der Peripherie wirklich auftreten können. Man muß in dieser Hinsicht doch endlich zurückhaltender sein: die Leber z. B. ist im Mutterleben ein blutbildendes Organ, es wird aber auf Grund dessen niemandem einfallen, blutbildende Funktionen im normalen erwachsenen Organismus ihr zuzuschreiben. Will man die phylo- resp. ontogenetische Reihe — wo eine ganze Anzahl ergänzender bald auch völlig verschwindender Gefäße zu finden sind — hinaufsteigen, so wird man auf viele ähnliche Beispiele stoßen. Daher kann ich Fleischs Meinung nur eventuell annehmen: Grützners Versuche müßten wiederholt werden, und zwar nicht auf embryonalen, sondern auf gewöhnlichen Gefäßen; diese Arbeit wurde auch seinerzeit von mir durchgeführt (s. u.).

Bei Besprechung der Versuche von Grützner ist es nicht möglich, die Nachbarfrage zu verschweigen, ob nämlich eine Umkehr des Blutstromes überhaupt möglich ist. Abgesehen von der größten rein therapeutischen Wichtigkeit dieser Frage (vgl. San Martin y Satrustegui, Gottard, Heymann, Carrel und Guthrie, Doberauer, Wieting, Coenen und Wiewiorowski, Mond und Vanverts, Oppel) kommt ihr noch eine nicht weniger wichtige prinzipielle Bedeutung zu. Im Falle einer streng seine Richtung beibehaltenen Gefäßperistaltik müßten alle auch experimentelle Versuche des Blutstromverkehrs wahrhaftig zum Scheitern führen. Es haben jedoch die Versuche Rothmanns gezeigt, daß beim Durchlassen der Flüssigkeit durch ein einfaches Capillarnetz in inverser Richtung (es wurden dabei die klappenlosen Mesenterialvenen benutzt) die Flüssigkeit durch die Arterien herausfließt, wohl aber in einer geringeren Menge als bei normaler Durchströmungsrichtung; die das Versuchssystem bei inverser Stromrichtung durchströmende Flüssigkeitsmenge kann aber bis 50% der in der geraden Richtung durchgehenden Menge betragen, wobei der hier am meisten hindernde Umstand das bald auftretende Ödem ist.

Auf Grund dessen schreibt Rothmann, daß „klappenlose Gefäßgebiete, welche nur eine abführende Vene besitzen, eine Umkehrung des Blutstromes gestatten". Somit ist diese Arbeit von Hasebroek kaum richtig zitiert worden [1]. Was die Gründe des in den Versuchen von Rothmann eingetretenen Ödems anlangt, so ist dasselbe völlig erklärlich und hat natürlich mit einer Störung der Gefäßperistaltik nichts zu tun, um so mehr als in Rothmanns Versuchen eine kontinuierliche und nicht eine rhythmische Durchströmung angewandt wurde; das Ödem hängt nur davon ab, daß die Venen bei diesen Bedingungen einem zu großen ihnen uneigenen Druck ausgesetzt sind; die anfänglichsten Stadien des sich entwickelnden Ödems vergrößern dank dem Zusammenpressen der Capillaren das Hindernis und rufen also einen Circulus vitiosus hervor (vgl. Uskoff, Zondek u. a.); auch Rothmann selbst äußert sich in diesem Sinne. Gleichfalls unbeweisbar erscheinen in dieser Hinsicht die Durchströmungsversuche der Milz (Breslauer) und der Niere (Coenen und Wiewiorowski, Breslauer), dank welchen es festgestellt wurde, daß eine retrograde Durchströmung dieser Organe unmöglich ist; aus denselben Überlegungen dürfte es klar erscheinen, daß weder das doppelte Capillarnetz der Niere, noch der halbgeschlossene Kreislauf der Milz ein geeignetes Objekt für diese Versuche darstellen. Dort aber, wo ein ordinäres Capillarnetz vorhanden ist, und wo der Druck während des Versuchs für das betreffende Gefäßgebiet gewöhnlicher ist, nämlich in der Leber (beide Durchströmungsrichtungen: Porta — Hepatica und Hepatica — Porta laufen von der Vene zur Vene), ist sowohl eine normale, als auch eine inverse Durchströmung gleich möglich (Baer und Rößler). Auch die Beobachtung Carrels soll hier erwähnt werden: er exstirpierte die Schilddrüse und schloß das Organ den Halsgefäßen umgekehrt an. Das Organ bot fortab ganz normale Verhältnisse dar und sogar der Puls blieb in der Drüse deutlich wahrnehmbar.

Was meine Untersuchungen anlangt, so wurden diese von einem dem Grütznerschen ganz analogen Standpunkt ausgeführt, mit dem Unterschiede nur, daß ich zu meinen Experimenten nicht die Nabelschnur, sondern einfache Gefäße verwendete. Bei der pulsierenden Durchströmung solcher Gefäße in normaler und inverser Richtung konnte aber kein nennenswerter Unterschied in der Ausflußmenge der Durchströmungsflüssigkeit notiert werden, obwohl ziemlich lange Gefäßstrecken (von der Art. iliaca bis zur Art. poplitea kräftiger Hunde) verwendet wurden. Die zum Vorschein kommenden Schwankungen, welche zuweilen ziemlich groß sind, erscheinen absolut regellos und können in keinem Falle auf ein Hindernis bei der inversen (resp. auf eine Förderung bei der normalen) Durchströmung hinweisen.

3. Ein der mächtigsten, immer eine bedeutende Hypertrophie der Muskulatur peristaltierender Organe ausübender Faktoren stellt ein beliebiges im normalen Wege dieser Peristaltik stehendes Hindernis dar. Die alltäglichen Beobachtungen am Verdauungstraktus (Stenosen), welche so gern von den Anhängern der neuen Theorie in Betracht gezogen werden, dienen als bestes Beispiel hierfür. Daß auch die Gefäßmuskulatur sich unter Umständen ziemlich stark hypertrophieren kann, ist in den II. und III. Abschnitten erörtert worden. Es lag der Gedanke nahe, im Experimente nachzuprüfen, ob eine künstlich erzeugte Gefäßstenose eine Mediahypertrophie des höher gelegenen Gefäßabschnittes zur Folge haben wird, was im Falle einer tatsächlich bestehenden Gefäßperistaltik sicher stattfinden mußte. Entsprechende Untersuchungen, welche ich an verschiedenen Gefäßen in vivo (Hunde) und mit verschiedenster Versuchsdauer ausführte — wobei alles mögliche in bezug auf die Kollateralbildung berücksichtigt wurde —, haben aber gezeigt, daß nach Anlegen einer

[1] „Ferner haben neuere Untersuchungen mit künstlicher Durchströmung überlebender Organe gezeigt, daß dies in umgekehrter Richtung, also von einer klappenlosen Vene aus nicht möglich ist" (Hasebroek, Monogr. S. 61).

das Gefäßlumen verengenden Ligatur keine Hypertrophie der Media entsprechender Gefäßabschnitte beobachtet wird.

Es scheint mir nun, daß dieser Abschnitt kaum einer Zusammenfassung bedarf.

VII. Die extrakardiale Förderung des Blutstromes. (Die „Hilfsmotore“.)

Wenn die Ergebnisse der modernen Physiologie, der experimentellen Pathologie und der klinischen Beobachtungen sich derart falten, daß eine aktive propulsive Tätigkeit den Gefäßen vorläufig immer noch abgesprochen werden muß, so soll es gar nicht heißen, daß man damit das Herz als einzigen Motor des Kreislaufes aufzufassen hat; eine solche Voraussetzung würde der alten Theorie ebenso fern sein wie der neuen. Es besteht eine große Anzahl von extrakardialen Vorrichtungen, welche von enormer Bedeutung für die Blutlokomotion ist und welche von Schorr unter dem Namen der „Hilfsmotore“ vereinigt wurden.

A. Vasale Vorrichtungen.

Elastizität der Arterienwandungen im engeren Sinne. Die Bedeutung der Elastizität auch toter Röhren (Gummischläuchen) für die Förderung des pulsierenden Innenstromes wurde ausführlich genug von Marey studiert und konnte vielfach bestätigt werden. Leider wird dieses Moment von den jüngsten Anhängern der neuen Kreislauftheorie recht wenig berücksichtigt; demgegenüber legte der Schöpfer der neuen Kreislauftheorie, Rosenbach, viel Gewicht auf dieses Moment, indem er sich der Meinung hielt, daß „der Ausfall dieser wichtigen blutbewegenden Kraft vom schlimmsten Einflusse auf die Zirkulation sein muß“. Doch sollen diese Fragen hier nicht näher behandelt werden, denn der elastische Rückstoß der Arterien ist ein absolut passiver Vorgang; er stellt nämlich eine Kraftakkumulation dar, wir befassen uns aber in dieser Abhandlung nur mit der Möglichkeit einer Kraftgeneration [1].

Die Tonusschwankungen. Die Bedeutung des Gefäßtonus für die Aufrechterhaltung des Blutstromes gehört auch zu denjenigen Gebieten der Physiologie, deren Erwähnung eigentlich überflüssig ist (man vergleiche darüber bei Goltz, Riegel, Asher, Krawkow, Waldmann u. v. a.). Für uns bietet besonders Interesse nicht die Tatsache der Anwesenheit vom Gefäßtonus selbst [2], auch nicht diejenigen Tonusschwankungen, welche den Blutdruck und die Blutverteilung in Abhängigkeit von verschiedensten Bedingungen regulieren, sondern vielmehr diejenigen rhythmischen Gefäßtonusschwankungen, welche seinerzeit von den Anhängern der neuen Theorie zur Bestätigung der Anwesenheit der „gefäßperistaltischen Welle“ angeführt wurden (Grützner, Hasebroek, Janowsky u. a.). Am meisten in dieser Hinsicht sind die von Schiff gemachten Beobachtungen bekannt; dieser Autor konnte beim ruhig sitzenden Kaninchen rhythmische Querschnittschwankungen der Ohrarterien bemerken. Bei einseitiger Verletzung der Nervenbahnen verschwinden sie auf der nämlichen Seite (Unterschied von dem Jonesschen Phänomen s. oben), bleiben aber

[1] Über die sehr interessanten, mit den Elastizitätserscheinungen verbundenen Eigentümlichkeiten der extrakardialen Blutförderung im Gehirn, welches die Fähigkeit hat, nachdem es durch die arterielle Welle dilatiert worden ist, sich zu kontrahieren, wobei in diesem Prozeß nicht nur das Gefäßsystem, sondern das Nervengewebe selbst beteiligt ist, siehe bei Sepp.

[2] Es ist aber doch zu sagen, daß die Anhänger des „peripheren Herzens“, welche sich recht deutlich die unbestehende peristaltische Welle vorstellen, sich dagegen sehr unklar in den Beziehungen derselben zu dem Gefäßtonus recht geben. So schreibt z. B. N. Schwarz: „Die Kraft der peristaltischen Welle ist eine Verstärkung der gewöhnlichen tonischen Muskelkontraktion und, im Falle diese verhältnismäßig dauerhaft ist, fließen die aufeinanderfolgenden Kontraktionen zusammen und die peristaltischen Wellen gehen in einen wirklichen Tonus über.“ Es heißt also, daß der Tonus etwas Krampfartiges darstellt und daß die Gefäße normalerweise keinen Tonus besitzen!

auf der anderen bestehen. Diese Bewegungen geschehen sehr langsam mit großen Intervallen (3—5mal in der Minute); sie entsprechen nicht dem arteriellen Puls und sind nicht von den Herzkontraktionen abhängig. Bereits diese Angaben sind genügend überzeugend in der Hinsicht, als die von Schiff beschriebenen Tatsachen mit dem „peripheren Herzen" nichts zu tun haben (obwohl Grützner und Janowsky sich auf diese stützen) und den Gefäßtonusschwankungen gehören. Besonders wichtig aber ist in dieser Hinsicht die Anzeige Schiffs, daß der kontrahierte Zustand normaliter länger dauert als der expandierte — ein für die Systole und Diastole wohl ganz verkehrtes Verhältnis. Besonders von Nutzen für die Entkrönung der Beobachtungen Schiffs, als Stütze der neuen Kreislauftheorie, waren die neueren Untersuchungen von Heß. Sie zeigten nämlich: 1. daß im Schiffschen Phänomen keine Reihenfolge in den Querschnittsveränderungen vorhanden ist (resp. keine Peristaltik besteht), und 2. daß der sekundliche Verkürzungseffekt, welcher beim Herzen 32% und bei den Fledermausvenen (s. o.) 11% beträgt, bei den Kaninchenarterien dagegen nur 3% erreichen kann. Man muß sich danach nur wundern, wie die Beobachtung von Schiff von den Anhängern der neuen Theorie immer noch triumphierend erwähnt wird!

Dank den Untersuchungen von F. Müller, O. Müller, de Bonis und Susanna, Full u. v. a. wurden ähnliche selbständige rhythmische Tonusschwankungen auch an überlebenden Gefäßen (resp. Gefäßstreifen) gefunden. Das Fahnden nach einer Peristaltartigkeit dieser Bewegungen ist aber bisher immer mißglückt; in dieser Hinsicht sind die im Abschnitt II angeführten Ergebnisse Wachholders bemerkenswert, besonders aber die in erschöpfender Weise an isolierten Gefäßen ausgeführten neueren Arbeiten von Rothlin. Der letztere Forscher befaßte sich mit dieser Frage speziell von dem uns hier interessierenden Standpunkt aus und kam zu der Ansicht, daß „die Bedingungen für eine aktive Förderleistung des Blutes durch diese rhythmischen Tonusschwankungen der Arterienmuskulatur im Sinne peripheren Herzens nicht erfüllt sind"[1].

Was haben aber alle diese Erscheinungen für den Blutstrom zu bedeuten? Diese Frage wurde von dem unlängst verstorbenen Akademiker Krawkow in der ihm eigenen glänzenden Weise beantwortet. Er hat nämlich diese Erscheinungen an einem umfangreichen Material (vgl. die Arbeiten seiner Schüler) isolierter Organe, ja sogar am isolierten Menschenfinger (S. Anitschkow) beobachten können. Die Auffassung Krawkows, dieses ausgezeichneten Kenners der Gefäße, ist derart erschöpfend, sie vermag alle die ebenbeschriebenen Erscheinungen so gut zu erklären, daß ich es für angebracht halte, diese hier wörtlich wiederzugeben: „Die selbständigen Gefäßkontraktionen .... sind ihrem Charakter nach nicht rhythmisch im eigentlichen Sinne dieses Wortes, sondern periodisch. Obgleich wir diesen die Rolle des peripheren Herzens nicht zusprechen können, müssen wir doch im mannigfachen völlig selbständigen und von der Herztätigkeit unabhängigen Gefäßtonusspiel einen wichtigen Umstand ersehen, der die Blutförderung durch kleine Gefäße begünstigt. Diese selbständigen Gefäßkontraktionen können bei den Widerständen, welche die kleinen Gefäße und Capillare der Blutförderung leisten, und bei fortwährender Veränderung der Gefäßlichtung unter der Wirkung der Gefäßnerven sozusagen die Rolle einer Massage (von mir ausgezeichnet) haben, dank welcher das Blut gleichmäßig in den Geweben verteilt und dank welcher der Kreislauf erleichtert wird. Besonders ist dies in solchen Gefäßgebieten, wie das Pfortadersystem, von großer Bedeutung" (von mir ausgezeichnet). Ähnliche Auffassungen sind noch vor vielen Jahren von Riegel aufgestellt worden und haben in den jüngeren Arbeiten der Müllerschen Schule (z. B. Schickler und Mayer-List) auf Grund mannigfaltiger Capillarbeobachtungen eine sichere Stütze bekommen.

B. Die extravasalen Vorrichtungen.

Wenn die vasalen Vorrichtungen sich hauptsächlich auf die Arterien beziehen[2], so spielen die extravasalen Faktoren ihre große Rolle besonders im Venengebiete.

[1] Ob der unlängst veröffentlichten Beobachtung Titajews, welcher bei photographischer Aufzeichnung der Spontanbewegungen zweier naheliegenden Arterien in vivo bemerken konnte, daß die beiden Gefäße sich gleichzeitig kontrahierten, eine spezielle Bedeutung für unser Thema zukommt, sei vorläufig dahingestellt.

[2] Natürlich mit Ausnahme der Venenklappen, deren Rolle allbekannt ist und von denen zu sprechen ich daher für überflüssig halte.

Ich will hier nicht von der ansaugenden Wirkung des Brustkorbes, von entsprechender Bedeutung von Herzsystole und Diastole für den Venenkreislauf und von allen den Faktoren sprechen, deren Rolle jetzt wohl niemand bezweifelt. Ich werde mich nur bei einigen von Klinikern und Physiologen gemachten Beobachtungen aufhalten, welche für unser Thema eine besondere Bedeutung haben, nämlich bei der Rolle der Skeletmuskelbewegungen für die peripheren Venen und der Bewegungen des hepato-lienalen Blocks und des Darmes für das Pfortadersystem.

Daß die Muskelbewegungen eine große Rolle für die Blutförderung spielen, ist längst bekannt, und ohne jegliche Übertreibung halten einige Kliniker die Hämorrhoiden für eine professionelle Erkrankung; auch Briefträger leiden nach Albert viel seltener an Varizen, als Schmiede. Perthes meint sogar, daß der Blutrückfluß zum Herzen durch das venöse System als seinen Hauptgrund nicht etwa die Reste der vis a tergo oder die Thoraxansaugung, sondern hauptsächlich das Spiel der Muskulatur hat. Abgesehen von den älteren allbekannten Untersuchungen von Kaufmann, Tangl und Zuntz u. a., wurde der extravasale Blutförderungsmechanismus in den neueren höchst interessanten Arbeiten der Kroghschen Schule wiederum verfolgt und seine große Bedeutung nochmals betont. Krogh nannte sogar die ganze Gesamtheit dieser Faktore „Venenpumpe", wobei hier auch die leichtesten Muskelbewegungen von großer Bedeutung sein können (Hooker). Nicht unerwähnt sollen auch die von Braune beschriebenen Vorrichtungen gelassen werden — die „Saugherzen" Braunes sind nahe den Gelenken gelegen und stellen Venenzusammenflüsse mit charakteristischem Ramifaktionstypus dar; die Saugwirkung dieser Apparate wird beim Gehakt durch Einwirkung der benachbarten, sich dabei abwechselnd spannenden und erschlaffenden Fascien ausgeübt. Eine noch interessantere Vorrichtung ist von Lungwitz im Pferdehuf beschrieben, welche durch Treten in rhythmische Tätigkeit gebracht wird. Wie groß die Bedeutung der Venenpumpe ist, ist bereits aus den einfachen, aber höchst übersichtlichen Beobachtungen Perthes zu ersehen: Die Wade eines gesunden Menschen wird einige Millimeter dünner, sobald er einige Schritte getan hat. Aber die Anhänger der neuen Kreislauftheorie sehen in den aufgezählten Tatsachen keine genügende Kraft, um das Blut längs dem venösen System durchzutreiben, und suchen diese Propulsivkraft in der Venenwand selbst (Hasebroek, Magnus). Sogar Fleisch, dieser energische Gegner des „peripheren Herzens", schreibt, daß „von theoretischen Gesichtspunkten ausgehend, zugestanden werden muß, daß, wenn im Kreislauf der Säugetiere irgendwo eine aktive Förderung notwendig ist, sie bei den Venen am zweckmäßigsten wäre". Ich möchte nicht tiefer in die Analyse der venösen Hämodynamik hineingreifen und mich nur in dem Sinne äußern, daß diese Besorgnisse über die Schwäche der Venen in Hinsicht auf die von der Natur selbst auf sie aufgewälzte Arbeit doch etwas übertrieben zu sein scheint. Nobl meint sogar, daß der ganze Kreislauf ein U-förmiges Rohr darstellt, in dem die Last des aufgehobenen Blutes durch die Last des hinuntergelassenen ausgeglichen wird; auch Schoen v. Wildenegg führt in seiner unlängst erschienenen Monographie, auf Grund interessanter Gegenüberstellungen, den ganzen Kreislaufsprozeß auf die Gesetze der Gravitation zurück. Wie dem auch sein mag, wie klein bei der Blutförderung die Rolle der Venenwandung selbst ist, das vermag folgende für uns höchst wichtige Beobachtung von Perthes und auch von Ledderhose zu zeigen: Preßt man bei einem Kranken mit varikösem Symptomenkomplex die erweiterte Vene auf dem Beine mit dem Finger kardialwärts vom Orte der Erweiterung (d. h. der größten Schwäche), womit der Zufluß des neuen Blutes durch die gewöhnlich in solchen Fällen insuffizienten Klappen eingestellt wird, und läßt man darauf diesen Patienten ein wenig gehen, so kann trotz der hier augenscheinlich nach der neuen Theorie bestehenden „Insuffizienz" der Venenwandmuskulatur der Abschnitt der erweiterten Vene durch diese Muskelbewegungen in kurzer Zeit nach den benachbarten Venen ganz leergepumpt werden. Augenscheinlich ist damit jegliche Bedeutung der propulsiven Tätigkeit der Venenwandungen zum Scheitern gebracht.

Wie groß die Bedeutung rein passiver Vorgänge für die Blut- resp. Saftströmung erscheint, ist auch aus den Angaben Oberndorfers zu sehen: die verschiebbaren Arterien (Vertebralis, Poplitea u. a.), die durch entsprechende Körperbewegungen ständig „massiert" werden, stehen viel länger den sklerotischen Prozessen gegenüber als die fest fixierten Gefäße.

Die Bedingungen in der Pfortader sind etwas komplizierter. Außer der von allen anerkannten Bedeutung des Atmens und der Arbeit der Bauchpresse (resp. Bauchdruckes) kommt eine höchst wichtige Rolle in der uns interessierenden Frage den Darmbewegungen zu; bekanntlich wird der hohe Druck in der V. portae bei Erstickung auf die dabei eintretenden kräftigen Darmkontraktionen zurückgeführt (Fuchs). Besonders demonstrativ sind in dieser Richtung die leider vergessenen Arbeiten Malls: Unterbindet man vor der Leber die V. portae und erregt man fortsetzend den Darm mit elektrischem Strom, so kann der Druck in der Pfortader sogar über den arteriellen hochgetrieben werden.

Was die Rolle des hepato-lienalen Blocks anlangt, so bekam hier in der letzten Zeit die Milz eine große Bedeutung als akzessorischer Motor des Blutkreislaufes. Durch die erschöpfenden Arbeiten der Barcroftschen Schule, welche später von Scheunert, Pagniez, Esposito, Binet, v. Skramlik und einer Reihe noch anderer Autoren, darunter auch von mir (gemeinsam mit Pinchassik) fortgesetzt wurden, konnten sowohl das mechanische Wesen der Contractilität der Milz, als auch die durch diesen Prozeß sich entwickelnden Erscheinungen auf der Peripherie studiert werden; außerdem wurde festgestellt, daß der Volumunterschied der kontrahierten und der dilatierten Milz ziemlich große Werte erreichen kann, was bei dem Blutreichtum dieses Organes von großem Einflusse auf die Blutbewegung im Portalgebiete sein muß. Es wurde ferner noch gezeigt, daß dieses reservoire Organ eine besondere Sperrvorrichtung besitzt, die ihm die Möglichkeit gibt, je nach den Umständen seine Beziehung durch das Ab- resp. Anschalten zum Gesamtblutfluß zu ändern (Barcroft, Henning u. a.). Alles das gab Schorr ein volles Recht, die Milz zu seinen akzessorischen Motoren mitzurechnen. Tiprez, der den Bewegungen der Milz sehr große Bedeutung für den normalen Kreislauf zuzusprechen geneigt ist, äußert sich sogar darüber wie folgt: „les contractions de la rate, enfin, agissent à la manière d'un coeur periphérique“ etc. Ich möchte doch vorläufig von solchen Auffassungen mich enthalten, da uns noch genauere Erfahrungen fehlen, inwieweit die Milzkontraktionen rhythmischer Natur sind, oder aber in welcher Beziehung sie zum Herzrhythmus stehen. Die Mitteilungen von Roy, Schäfer und Moore, Strasser und Wolf lassen vorläufig noch keine Antwort auf diese Frage geben. Außerdem wäre es noch für eine endgültige Vorstellung über die Rolle der Milz in der Blutförderung höchst wünschenswert die Frage zu klären, inwiefern der Blutdruck in der V. portae durch die Milzkontraktionen beeinflußbar ist; meines Erachtens fehlen uns derartige Experimente noch gänzlich.

Was die Leber betrifft, so wurde die Rolle dieses Organs im Blutkreislaufprozesse, abgesehen von seiner längst bekannten Reservoirfunktion, besonders in der letzten Zeit in den Vordergrund gerückt, dank den Arbeiten von Mautner und Pick, Arey und Simonds, Baer und Rößler u. a., laut welchen die Anwesenheit und die Rolle einer besonderen Vorrichtung (augenscheinlich von regulierender Bedeutung) der sog. „Lebersperre“ festgestellt wurde. Die Rolle der Lebersperre ist vorläufig nur für die Shockzustände am gründlichsten erforscht, was aber ihre normale Rolle in der Blutförderung betrifft, so fehlen uns hier noch entsprechende Beobachtungen. Außerdem muß an diejenigen Bedingungen gedacht werden, in denen sich die Leber befindet; diese stellt nämlich ein zu großen — wenn auch passiven — Volumveränderungen geeignetes Organ dar, welches erstens zwischen den sich fortwährend bewegenden Brustfell, Bauchpresse und Darm befindet und zweitens zwischen dem portalen Netz mit einer Klappenvorrichtung und höherem Blutdruck und den klappenlosen Vv. hepaticae und V. cava inf. mit niedrigerem Druck eingeschaltet ist; es ist durchaus verständlich, daß eine jede wenn auch passive Veränderung der Lebergröße das Blut in der Richtung zum Herzen treiben wird. Die Erforschung, inwiefern hier die aktiven Kontraktionen der Leber, die Arbeit ihrer „Sperre“ und schließlich die Milzkontraktionen koordiniert sind (vgl. Krogh) ist Sache der Zukunft [1].

---

[1] Ich hielt es für angebracht, an dieser Stelle die über die Blutrückwallung in der Leber handelnde Arbeit Stolnikows speziell zu besprechen; ich hielt es daher für notwendig, weil diese fehlerhafte Arbeit beinahe 50 Jahre fortwährend zitiert wird, jedoch ohne genügend aufmerksame Analyse der von Stolnikow aufgestellten Grundlagen, hauptsächlich aber daher, weil sie von Hasebroek in seiner lesenswerten Monographie als Material zur Begründung einer ganzen Reihe Vermutungen, welche zugunsten der neuen Kreislauftheorie sprechen könnten, verwendet wurde. In dem Kapitel „Die Gewinnung von unvermischtem

Zusammenfassend kann also gesagt werden, daß im Prozesse der extrakardialen Blutförderung so viele (sowohl vasale, als auch extravasale) mächtige Faktore mitwirken, daß die Vorstellungen der Anhänger der neuen Kreislauftheorie über die Unmöglichkeit für das Herz, ohne aktive Propulsivtätigkeit der Gefäße die ihm auferlegte Arbeit zu erfüllen, absolut hinfällig sind.

VIII. Zusammenfassung und Schluß.

Die Abwesenheit einer tatsächlich abwesenden Erscheinung zu beweisen, ist immer eine sehr schwere Arbeit; jedenfalls ist es viel schwieriger, als wenn man die scheinbare Anwesenheit einer abwesenden Erscheinung beweisen möchte. Nichts ist mir aber so fern, als die Behauptung aufstellen zu wollen, daß die Gesetze der Blutbewegung lückenlos erforscht oder sogar nur erklärt sind. Man braucht aber deswegen gar nicht an solche Theorien zu greifen, welche — wie de Vries Reilingh ganz richtig meint — „den ganzen Kreislauf auf den Kopf stellen möchten".

Ich habe versucht in dieser Abhandlung zu zeigen, was über die Rolle der Gefäße für die Blutförderung wirklich als unbestritten aufgefaßt werden muß, was dementgegen als Artefaktum, ja einfach als Fehler zu deuten ist, was endlich durch faßbare Tatsachen bis heute noch nicht begründet wurde, worin aber sicher ein logischer Kern zu stecken scheint, und was also einer weiteren Forschungsarbeit bedarf. Es darf hier aber weder Spekulation noch irgendwelche Hastigkeit Anwendung finden, einmal kommt schon die richtige Lösung von selbst; man denke vorläufig lieber an Goethes Worte: „Das schönste Glück des denkenden Menschen ist, das Erforschliche erforscht zu haben und das Unerforschliche ruhig zu verehren."

Durch nichts ist die alte Kreislauftheorie auch am Krankenbette erschüttert, durch nichts ist vorläufig die neue Kreislauftheorie bewiesen, obwohl von den Anhängern des „peripheren Herzens" eine enorme Arbeit geleistet wurde. Jede Arbeit muß aber schon als Arbeit allein geschätzt werden: Ut desint vires, tamen est laudanda voluntas!

Und zum Schluß noch ein kleiner historischer Parallelismus: Galen, der bekanntlich vor über 1000 Jahren wirkte, schrieb den Arterien eine selbständige blutfördernde Tätigkeit zu; der Fehler dieses großen Mannes entstand — wie es später klar wurde — infolge seiner mangelhaften Erfahrungen auf dem Gebiete der Physiologie. Der Grund mancher Täuschungen der jüngsten, besonders eifrigen Verteidiger des „peripheren Herzens" scheint in demselben Umstande verborgen zu sein.

(Abgeschlossen am 2. Mai 1929.)

Leberblut" im Abderhaldens Handbuche habe ich versprochen, in vorliegender Abhandlung Stolnikows Versuche ausführlich zu besprechen und eingehend zu analysieren. Da aber diese Abhandlung auch ohnedem ziemlich breit gewachsen ist und da Stolnikows Arbeit kurz nicht besprochen werden kann, so bin ich gezwungen, die Ausführungsfrist meines Versprechens zu verlegen und entsprechendes Thema mit Erläuterung durch eben abgeschlossene eigene Versuche in den nächsten Bänden der Zeitschrift für die gesamte experimentelle Medizin zu behandeln.